H5 匠人手册

霸屏H5实战解密

Secret of H5

IxD, UI and Motion Design

网易传媒设计中心 著

清華大学出版社
北京

内 容 简 介

这是一本关于H5设计方法和设计流程的书，作者为近年来佳作频出的网易传媒设计中心，其代表作品有《娱乐圈画传》《里约小人大冒险》《我是一只快乐的羊驼》《滑向童年》等。

本书通过交互、视觉和动效三部分内容，从产品策划、用户心理、交互手段、视觉渲染、动效运用、移动界面设计常识等方面进行系统论述，通过理论讲解和案例分析，详细介绍了提升H5设计质量的方法和一些实用性强的手段，帮助读者建立起一个更加完整的H5设计思维体系。

本书适合从事H5相关工作的交互设计师、视觉设计师、动效设计师阅读，也可供致力于H5设计的初学者和爱好者参考。

图书在版编目(CIP)数据

H5匠人手册：霸屏H5实战解密 / 网易传媒设计中心著. — 北京：清华大学出版社，2018（2024.1重印）
ISBN 978-7-302-50298-2

Ⅰ.①H… Ⅱ.①网… Ⅲ.①超文本标记语言—程序设计 Ⅳ.①TP312.8

中国版本图书馆CIP数据核字(2018)第112036号

责任编辑： 张 敏
封面设计： 肖鑫灵 景安然
责任校对： 胡伟民
责任印制： 沈 露

出版发行： 清华大学出版社
网 址： https://www.tup.com.cn，https://www.wqxuetang.com
地 址： 北京清华大学学研大厦A座 **邮 编：** 100084
社 总 机： 010-83470000 **邮 购：** 010-62786544
投稿与读者服务： 010-62776969，c-service@tup.tsinghua.edu.cn
质 量 反 馈： 010-62772015，zhiliang@tup.tsinghua.edu.cn
印 装 者： 三河市人民印务有限公司
经 销： 全国新华书店
开 本： 170mm×230mm **印 张：** 15 **字 数：** 260千字
版 次： 2018年8月第1版 **印 次：** 2024年1月第6次印刷
定 价： 89.90元

产品编号：077869-01

推荐序

文丨IXDC& 美啊教育创始人，国际体验设计大会主席　胡晓

收到徐琳琳的写序邀请正值 IXDC 2018 国际体验设计大会开启中，回想 2017 年大会现场，徐琳琳携网易传媒设计中心的优秀设计师们一起，带来了精彩的工作坊——霸占社交媒体的 H5 是如何诞生的。当时她还身怀六甲，专业的分享与敬业的设计精神令人为之敬佩。待看过这本书后，我更是深感同为设计者，我们致力于为用户体验行业、为提升设计师技能水平做出努力与贡献的赤诚之心。

随着移动互联网的迅猛发展，在移动社交媒体爆棚的时代，H5 已然是最重要的品牌、产品传播手段之一。H5 的独特形态，让其在资讯传播、用户互动、信息可视化上都可以充分契合企业的诉求，帮助企业与用户建立情感共鸣，逐步加深用户对企业自身品牌和产品的认知，从而让品牌脱颖而出。这也是企业与品牌热衷 H5 的重要原因。

然而，真正有创新体验的 H5 却很少，市面上充斥的更多的则是套用模板、快成品的页面，产生出的 H5 页面架构几乎千篇一律，设计风格单调乏味，无法成为爆品，也无法达到真正宣传企业与品牌的目的。

网易传媒设计中心的设计师们，归纳总结了一套行之有效的 H5 设计方法，从产品策划、用户心理、交互手段、视觉渲染、动效运用、移动界面设计常识等方面系统论述讲解，通过理论和案例分析，详细介绍了提升 H5 设计质量的方法以及一些实用性强的手段，帮助大家建立一个更加完整的 H5 设计思维体系。书中有大量的实战案例，活灵活现地向大家介绍方法与原则。可以说，从这本书中学到的不仅仅是技能，更是设计思维。

很欣慰有这样一本优秀的设计书籍，能够帮助设计从业者、爱好者们提升思维与能力，创造、输出更优秀的产品，让时代更加美好，让设计师们实现更大的价值。

友情推荐

网易传媒设计中心的 H5 营销在业界是顶级水准，出品过《娱乐圈画传》《里约小人大冒险》《滑向童年》《纪念哈利 · 波特 20 周年》等刷爆朋友圈的力作。这本包含团队的五维评价体系、交互流程剖析的 H5 匠人手册，首次全面解密了霸屏 H5 作品背后创作团队的思考和实现方法，并且结合真实案例，详细介绍了常用的交互手段、视觉技巧和动效技术。认真按作者给出的思路去赏析每一个作品，你也可以设计出霸屏级的 H5。

纪晓亮

站酷 CCO/ 主编

现如今，一款优秀的 H5 比一篇好文章更容易在全网刷屏，例如这段时间的“前世青年照”和“第一届文物戏精大会”，都轻松获得千万级流量。是否能制作 H5，也成了很多公司考核设计师的标准之一。本书正是为此而来，从 H5 的交互流程到视觉套路，从动效解密到案例剖析，全面、系统的知识梳理，能帮你完整掌握 H5 的设计方法。

程远

优设网主编

“所有说不清楚的问题都是因为缺乏维度”，《H5 匠人手册》从用户心流的起源、用户行为的引导、故事框架的构建、视觉吸引力的打造，到最后技术落地的实现，一步步拆分出维度与方法，深入浅出地为读者提供一本学习与工作的宝典。

遥远

小牛电动体验设计总监

每一支 H5 的霸屏都不是偶然的。无论是创意的巧妙，还是视觉的惊艳、文案的走心，还是交互的多变，总有一个点能影响到你，并使你自愿参与后分享出去。网易的 H5 解密，其实是在用科学的方法解析霸屏 H5 的生产过程，从形式到内容，从理论到实践，从现象到本质，从场景到人性，条分缕析，层层推进，用匠人精神给用户创造不期而遇的偶然。每一个 H5 从业者都值得一看。

付立群

“H5 案例分享”（h5anli.com）平台负责人、北京简豆科技有限公司创始人

在 H5 这个领域，真正缺的不是技术、不是设计，也不是创意，而是缺乏那些能够沉淀下来的内容，很多从业者甚至直到现在都没能搞清楚，H5 究竟为何物？ H5 究竟能做什么？ H5 又究竟有怎样的潜力？所以说，很高兴能看到《H5 匠人手册》的顺利出版，这本书让这个领域又多了一份实实在在的内容。

小呆

互联网媒体人、《H5+ 移动营销设计宝典》作者

前 言

文 | 网易传媒设计中心总监　陈俊杰

行业背景

以 PC 为载体的门户网站时代渐行渐远，所幸网易传媒在移动端的布局较早，与被迫转型的友商相比略显从容。但作为业务部门的我们所面临的转型压力丝毫未减，设备终端、用户使用场景、交互手段乃至用户群体的突变，要求我们在业务形态上也应当有快速的转变。

在传统 PC 时代，我们的业务主形态是各种趋于杂志化的专题，这种近乎纸媒的传播形态移植到移动端显然不合时宜。2014 年 10 月 28 日，W3C 的 HTML 工作组正式发布了 HTML5 的正式推荐标准（W3C Recommendation），HTML5 标准的确立让音视频脱离了播放器和插件的束缚，在 Web 中的呈现更加便捷。而在 PC 时代，低版本浏览器在很长一段时间都占据着较高的市场份额，Web 形态受制于浏览器性能、标准、兼容性等综合因素，因此形态相对单一、简单。移动时代虽然也存在类似问题，但用户终端的迭代速度与技术性能的提升步调相对一致，让更多的交互和用户体验形态成为可能。于是 H5 这种移动传播形态在设备转换和技术革新的双重催化下，应运而生。

成书历程

网易传媒设计中心于 2015 年开始 H5 业务的设计工作，在积累了大量的案例经验之后，我们于 2016 年底，面向全公司的设计和编辑做了名为“如何做一个涨工资的 H5”的系列培训，协同编辑、技术团队一起，从策划、交互、视觉、动效、前端 5 个关键环节设计了主题化课程，在内部取得了不错的反响。2017 年 6 月，我们在 IXDC 国际体验设计大会上做了“霸占社交媒体的 H5 是如何诞生的”工作坊，从设计角度，全面、系统地讲解了 H5 的交互方法，视觉设计思路、表现手法，动效的基础知识、作用和工具运用，吸引了众多设计师参与其中。我们的授课内容有幸被清华大学出版社关注，并且我们的内容价值也得到了充分的认可，于是有了这本《H5 匠人手册：霸屏 H5 实战解密》的诞生。

“他们心存理想，不是简单迎合或玩弄市场，而是根据自己的独特审美和专注精神进行创新、创作，给市场带来许多影响力深远的产品和作品。”

这是网易集团的董事长兼 CEO 丁磊对匠人精神的解释。匠人精神既是消费升级品牌创新的大时代要求，也是网易旗下各产品线一直标榜的核心理念，代表着我们对作品精益求精的追求，我们也希望读者能从这本书中获益，以匠人精神要求自己，成为一名优秀的复合型设计师。

在阅读本书之前，希望您能了解以下几个问题：Why、Who、What、How。

Why——我们为什么要做 H5

这是由移动传播特性决定的。纸媒时代，用户角色是单纯的读者，具有信息传播单向、被动接受、近乎零互动等特点。PC 时代，用户可以通过跟帖等形式与媒体进行简单互动。进入移动时代，微博、微信等社交媒体让用户从单一的读者变成读者兼传播者，甚至是内容生产者，移动终端的便携性和移动网络的普及也彻底解放了 PC 终端的桌面束缚。媒体传播形态也由单向传播变成了社交化传播。

H5 将图片、文字、视频、音频与交互、游戏化、用户 URC 等多种媒体形态完美融合，与 App 相比，基于 Web 的产品形态决定了 H5 社交传播的可能性，具有强互动、可监测、跨平台、易传播等优势，所以 H5 在 2 年时间内迅速得到互联网用户、商家及业界的广泛认可，爆款 H5 对媒体品牌价值、商家产品调性都有很大的提升，于是无论是网络媒体还是移动广告都对这种形式趋之若鹜。

Who——用户是谁

H5 以媒体渠道实现冷启动，在社交网络产生流量分发，最终达到爆发效应。以网易新闻为例，核心型用户为 70 后至 85 后，成长型用户为 85 后至 95 后，潜力型用户为 95 后至 00 后，我们的 H5 目标受众为 85 后至 00 后的成长型和潜力型用户群体。在社交渠道，根据微信的相关报告显示，60% 的微信用户是年轻人（15~29 岁），每个年轻人平均有 128 个好友。所以，吸引这部分人的注意，并让其产生主动传播欲望，就能在社交网络产生蝴蝶效应，引发爆款的产生。

What——优质 H5 的评判标准

一个成功的 H5 需要具备以下特质：主题具备一定的传播性，能够触及当下热点，用户在看到标题后有点击欲，信息传播上及时有效，能激发用户的想象力；视觉层面有表现力、有张力，移动环境下的浏览习惯具有碎片化、目的性不强等特点，视觉感知往往是吸引用户停留的首要因素；产品形态及交互体验上有创新点，简单易用，用户能快速理解交互逻辑，顺畅完整地完成全部交互过程，并且通过交互产生与用户关联的个性化信息。以上三点最终形成用户精神体验上的获得感、愉悦感，产生情感共鸣，进而形成社交分享意愿。

H5 的成功标准可归纳为三个逐层递进的层级：第一层级，信息传播准确有效到达、交互顺畅舒适；第二层级，用户的参与感强，分享意愿强；第三层级，能够引发用户情感共鸣，提升产品的品牌调性。

How——怎么做一个 H5

这是本书要为大家解决的核心问题，我们会从产品策划、用户心理、交互手段、视觉渲染、动效运用、移动界面设计常识等方面来系统论述讲解，通过理论和案例分析详细介绍提升 H5 设计质量的方法和一些实用性强的手段，同时帮助大家建立一个更加完整的 H5 设计思维体系。

第 2 章在策划部分重点讲解如何利用“心流理论”控制阅读节奏和如何利用“Hook 理论”控制交互节奏，引导用户完成整个浏览及操作，并从心理学和设计学的理论角度共同论述交互框架的分类和选取、核心任务的提炼、合适交互模式的选取、常用的H5交互规范、移动交互原则、需要关注的核心问题、如何引导用户分享回流等。

在梳理完 H5 的工作流程、逻辑和框架后，在具体交互层面，我们讲解了产出的要求、细节的完善、需要避免的常见错误。

第 3 章结合实例从创意的视觉表现出发，讨论视觉设计师应该如何进行有目的的创意，总结分析了当下流行的几类 H5 视觉表现方式的优点，以及在使用这几类表现手法时要规避的地方和要注意的一些问题。此外，还根据 H5 的内容形式进行分类，对纯信息展示、游戏互动两类 H5 的视觉表现方法进行了分析，重点介绍了小游戏以及插画这两类 H5 的视觉套路。

第 4 章解释了动效和动画的相同点和不同点，以及动效在 H5 中的加载、转场、视觉引导、操作反馈等核心作用，并结合案例对动效的基本运动法则进行讲解。

本书将结合网易传媒设计中心以及其他友商制作的一些 H5 案例，总结成功或失败的经验，并由此归纳一套行之有效的流程方法，分享给读者，希望能对读者起到帮助。最后对本书的合作作者表示感谢：徐琳琳、李唯、马然、张天雨参与了第 1 章和第 2 章的编写；陈德进、谢斐、王彦淇、李志、张议文参与了第 3 章的编写；王锐、孟帅、沈号参与了第 4 章的编写。

目 录

第 1 章 铺垫

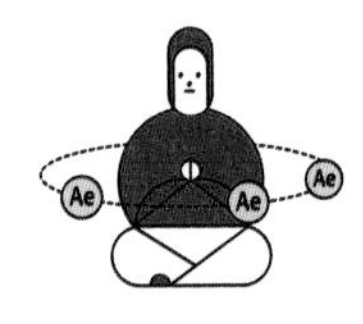

第 2 章 H5 交互流程剖析

第 3 章 H5 视觉套路

第 4 章 H5 动效解密

第 1 章　铺垫

本章主要讲述 H5 的一些基础概念以及给大家总结一下优秀的 H5 都具备哪些特点，让大家对 H5 有个基本的了解和认识。

1.1 H5 的前身今世

1.1.1 H5是什么

H5 是由 HTML5 简化而来的词汇，广义上是指第 5 代 HTML，HTML 是超文本标记语言的英文缩写，我们上网所看到的网页多是由 HTML 写成。浏览器通过解码 HTML，就可以把网页内容显示出来，我们就看到了想看的内容。

H5 最显著的优势在于跨平台性（图 1-1）。它兼容 PC 端与移动端、Windows 与 Linux、安卓与 iOS。它可以轻松地移植到各种不同的开放平台、应用平台上，打破各自为政的局面。这种强大的兼容性可以显著地降低开发与运营成本，可以让企业特别是创业者获得更多的发展机遇。

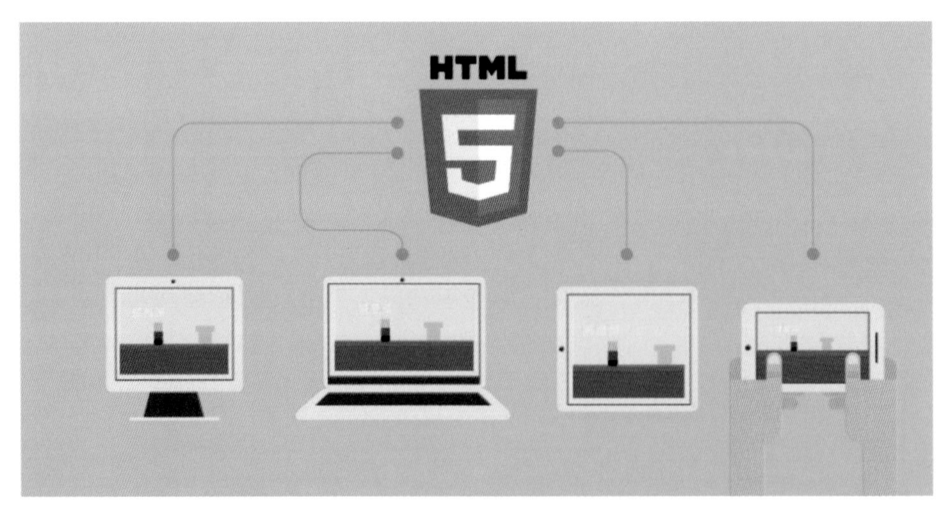

图 1-1 H5 的优势

此外，H5 的本地存储特性也给使用者带来了很多便利。基于 H5 开发的轻应用比本地 App 拥有更短的启动时间和更快的联网速度，而且无需下载占用存储空间，特别适合手机等移动媒体。所以近年来一直有 Super Web App（即 H5 制作的 App）将要取代原生 App 的说法，但最近又销声匿迹了，究竟走向如何，我们可以拭目以待。

本书中所说的 H5 是狭义上的理解，指的是用 H5 语言制作的数字产品，特指运行在移动端上的基于 HTML5 技术的动态交互页面，它们常常借由微信这个移动平台进入人们的视野。它们一般集文字、动效、音频、视频、图片、图表和互动调查等各种媒体表现方式为一体。如图 1-2 所示，都是网易近年做得比较好的案例。

● 春晚笑声录

● 雍正去哪了

● 里约小人大冒险

图 1-2　网易 H5 优秀案例

1.1.2　H5的阶段性发展

广义 H5 的发展史，我们就不陈述了，下面来讲讲本书所述的狭义 H5 的阶段性发展。

1. 最初阶段——“视觉设计”

最初的 H5 就是纯静态页面，可以理解为就是简单地将 PPT 放在移动端播放，它可以通过很多第三方制作平台简单拼凑而成，例如最初的电子婚礼邀请函、企业招聘等，搞个模板，放些照片，加点音乐就可以了。最初的这种 H5 就只含有一些简单的“视觉设计”，如图 1-3 所示。

图 1-3　最初阶段的 H5 案例

2. 引爆点

2014 年下半年，一款名为《围住神经猫》（图 1-4）的 H5 小游戏火遍大江南北，这个原本只为“拉点用户”而花一天工夫做的 H5 小游戏，两天内就成了朋友圈最流行的娱乐项目，最后页面浏览量达到数亿级。

继《围住神经猫》之后，又相继出现了《看你有多色》《全民找祖名》等经典小游戏案例，这也才让 H5 真正走到大众视野，也让广告主和广告人看到了一片纯净的蓝图。

图 1-4 《围住神经猫》

3. 发展阶段——“视觉 + 交互”

因为 H5 能够将用户所需要的场景和故事表现出来，给人最直观的感受，又方便用户在移动端利用碎片化的时间浏览，所以在用户群中得到了广泛的欢迎。

但是，营销目标并不能全部用游戏形式来展示，所以一些公司在尝试丰富 H5 模式的过程中，开始注重 H5 的交互设计，目的是让用户有参与感，提升用户体验。因为参与感的增强，用户的分享意愿也大大提高。这个阶段比较典型的例子就是神州专车的《史上最长加班夜》，如图 1-5 所示。

图 1-5 神州专车《史上最长加班夜》

4. 高潮阶段——“交互式微电影”

再之后就是2016年大火的《活口》H5了（图1-6），它标榜是“沉浸体验式的泛游戏类交互式微电影”。在这个H5中，设计者融合了故事创作、影视制作、剧情互动、视觉设计、游戏体验，甚至接入了移动支付功能，把H5策划的可能性又推向了高潮。

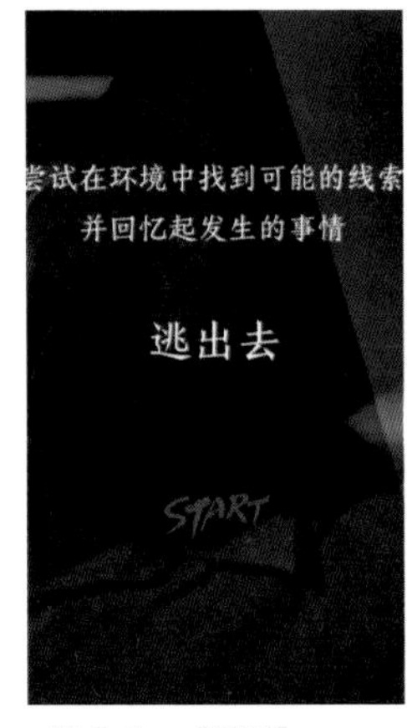

图1-6 《活口》

以上是H5发展的几个阶段及标志性案例。

1.1.3 我们为什么做H5

讲完了基本概念和发展情况后，再来追根溯源地了解下我们为什么要做H5，也就是我们做H5的目的是什么？因为了解了这个之后，我们才能更有目的性地对H5进行策划和设计，也才能避免走很多弯路。

从图1-7的H5作品分类占比图[①]中，我们可以看出：品牌宣传类及产品展示类的作品分别占了作品总数的24%及17%。如果把活动宣传、招聘宣传、邀请函的比重加起来作为

① 数据图来自斐波那契H5大数据平台。

商业类，合并品牌宣传和产品展示的数据，总占比达到 65%。

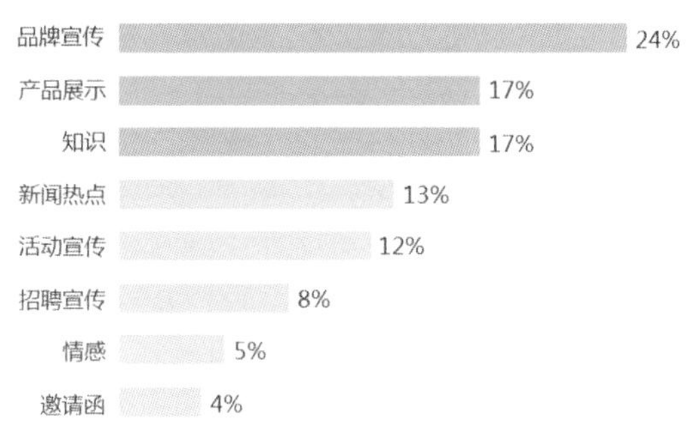

图 1-7 H5 作品分类占比图

其次，知识类和情感类作品因为制作相对简单，门槛低，无需复杂的交互动效设计，内容通常为人们所喜闻乐见，凭借着细腻、走心等特点，容易引起用户情感共鸣，因此也占据 22% 的比例。

最后，新闻热点类 H5 内容多因节日节点、新闻热点事件而做，在新闻热点事件爆发后，也获得用户很大追捧，所以在整体 H5 作品中也占 13%，份额不小。

但不论是直抒胸臆的商业品牌宣传，还是知识类、新闻热点类的 H5，多以内容引出品牌或营销活动为落地，让用户通过或有趣或引人的图文展示、互动交互来达到对品牌或活动的了解和认可，相较于静态广告（如传单、海报、地铁横幅等），H5 具有强互动、可监测、跨平台、易传播等优势，非常有利于社交传播。所以 H5 已经成为各类产品、公司在移动端对各自品牌、活动进行推广不可或缺的手段，也是移动端商业表达的绝佳方式。

因此我们可以得出 H5 的属性，而这也是我们制作 H5 的目的：

H5 是为了传播而生，是为了推广宣传内容、活动或品牌而制作的。目的是尽可能最大化地引导用户分享和回流。

读者要重视并谨记 H5 的这个属性，在制作时，务必针对 H5 的分享传播策略进行针对性设计。因为我们之前就有教训，H5 的内容制作非常精致，开发耗时费力，但是却忘了这个属性，最后造成传播效果很差，付出和收获不成比例，结果得不偿失。

1.2 怎样的 H5 才是好的 H5

前面铺垫了 H5 的一些基础知识，接下来为大家总结了好的 H5 的 6 大特点，大家在制作之前可以明确自己的制作方向，然后按照每个特点后面提供给大家的一些方法有的放矢地设计，会事半功倍。

1.2.1 情感共鸣 直击内心

第一个特点是产生情感共鸣，给大家展示两个案例，先来看第一个例子《像科比一样》（图 1-8）。

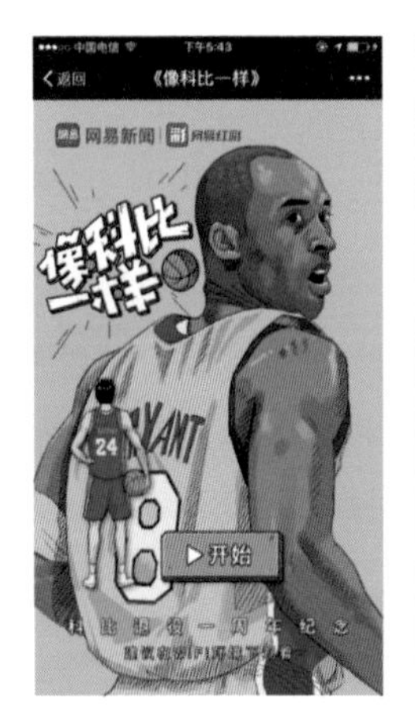

图 1-8 《像科比一样》

这支名为《像科比一样》的 H5，是网易公司为了纪念科比退役一周年而做的，大家可以扫码看一下。整个视频讲述了一个“科蜜”以科比为榜样从菜鸟成长为大牛的经历，其实很多“科蜜”在看完之后都会回想起自己在“黑曼巴”的精神指引下走完的不悔青春。20 年匆匆而过，但黑曼巴精神会鼓励一代又一代人，这个作品引起了很多人的共鸣。

第二个案例是《这一年，网易云音乐陪你温暖同行》（图 1-9），大家可以扫描下方二维码观看。

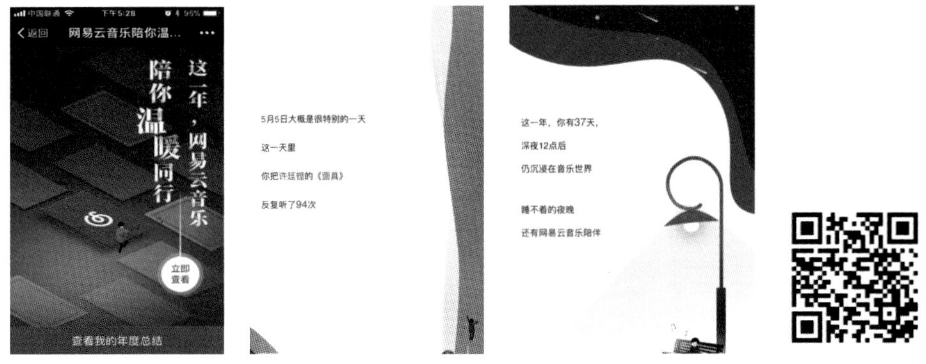

图 1-9 《这一年，网易云音乐陪你温暖同行》

这支 H5 还是情感共鸣类的 H5，是网易云音乐年终盘点策划。它挑选了几个很有意思的数据，例如最晚聆听的歌曲、重复收听最多的歌曲等，让用户回忆那个特殊的时刻，重温当时发生的事件。毕竟记忆往往都是温暖和感动的，让用户感觉网易云音乐是懂自己的，是有温度的。这个 H5 也刷爆了社交媒体。

每每到了年终策划的时期，大家都有很多数据总结类型的 H5 要设计，这时就可以尝试用这种策划形式来突出某一方面的感情。

通过这两个例子，大家感受到了让用户产生共鸣的力量。这里引入唐纳德·诺曼（Donald Arthur Norman）[①] 在《情感化设计》中倡导的一个概念："设计高度分成三个层次，即本能的、行为的、反思的"，如图 1-10 所示。

---

① 唐纳德·诺曼（Donald Arthur Norman），享誉全球的认知心理学家，他所著的《用户设计心理学》《情感化设计》等书都已经成了设计领域的必备经典。

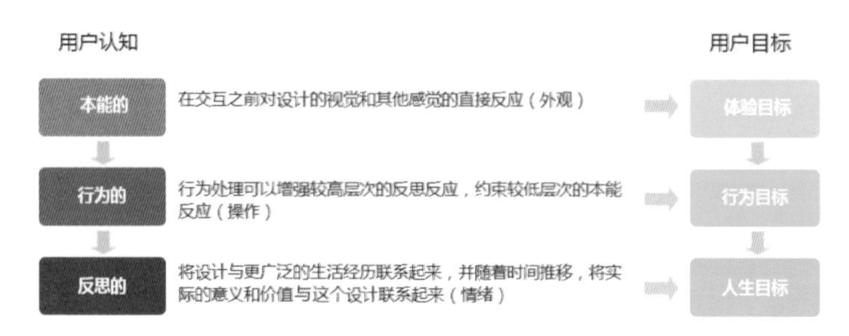

图 1-10　设计高度的三个层次

简单来讲，最初级的层次是本能的，也就是用户通过你的设计直观感受到了什么，即在交互之前对设计的视觉和其他感觉的直接反应。它对应的是我们的体验目标。

第二个层次是行为的，是用户通过操作和设计沟通，完成最终的行为目标。以一个答题类 H5 为例，用户根据我们的指引一步步完成了所有的答题，就是达到了行为层面的高度。行为处理可以增强较高层次的反思反应，约束较低层次的本能反应，它对应的是我们的行为目标。

第三个层次是反思的，是最高的层次，也是最难达到的层次。它能让用户将设计与他的生活经历、人生意义联系起来，能让用户思考到什么，从情绪的方面感染用户，它对应的是我们的人生目标。

所以在做与用户产生情感共鸣方向的 H5 的时候，可对照这个原则来审视自己的 H5，努力达成最高层次，通过设计让用户将产品与更广泛的生活经历相联系，从情绪上有所触动。

1.2.2　构思新奇 有想象力

第二个特点是构思新奇，有想象力。这个例子是网易制作的《游戏热爱者年度盛典亮点前瞻》（图 1-11），其目的是宣传这个盛典，提高网易游戏品牌影响力。

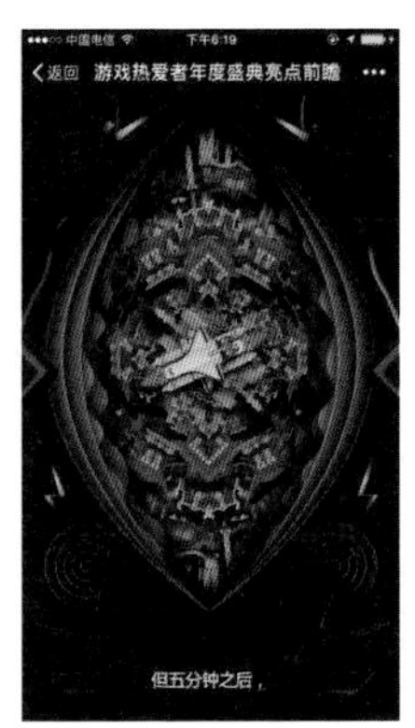

图 1-11 《游戏热爱者年度盛典亮点前瞻》

这个作品虽然是一个盛典 H5，但是互动的前半部分根本没讲盛典亮点，而是以实习生的口吻在讲述她下班前十分钟接到任务，并迅速反应，直到最后拿到供应商完稿这段时间的心路历程，其中充满了她面对挑战时候的内心独白，在结尾处才回到正题。最终引出的其实就是 5 张渲染大会精神的动态海报，虽然最后 5 张海报非常炫酷，但不得不说整个互动最吸睛的还是前半部分的实习生口述。因为它构思新奇地将策划过程通过诙谐夸张的方式和节奏展示出来，最终引导出高大上的海报，给人以强烈的对比和冲击感，让人回味久久。

还有一个案例，是大家比较熟悉的《穿越故宫来看你》（图 1-12）。

图 1-12 《穿越故宫来看你》

在 H5 中，皇帝穿越到现代，使用现代的沟通方式聊天、拍照、唱 Rap 等，产生的错位感对我们产生了冲击。这都是用一种打破常规的思路，让用户惊喜，从而造成用户主动分享。这支 H5 通篇没有任何交互点，完全是一个视频展示，但是却在朋友圈中大火。究其原因，就是其充分的想象力。

对于这种类型的策划，我们也有比较好的方法介绍给大家，就是“头脑风暴之白三角方法”，很简单，但是又行之有效，如图 1-13 所示。

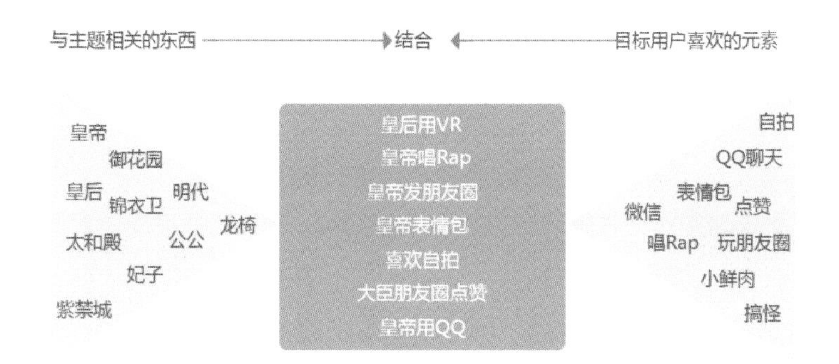

图 1-13 头脑风暴之白三角方法

左边的白三角先列出策划的主题都有哪些，以刚才《穿越故宫来看你》为例，策划的主题就是皇帝、太和殿、妃子、皇后、紫禁城等，右边的白三角再列出我们目标用户人群喜欢的元素，例如小鲜肉、表情包、VR、唱 Rap、玩朋友圈、点赞等。这样两个白三角之间能产生怎样的奇妙关系呢？那就是本 H5 最后得出的皇帝自拍、皇帝唱 Rap、皇帝玩朋友圈等。

这里需要强调一点，就是两个白三角产生的“化学反应”一定得是某种程度上有反差的，能让用户惊喜的，如果讲的是现代人用 QQ、玩朋友圈的话，那肯定不会对用户产生吸引。同时这个白三角也可以倒着推，可以先列出目标用户喜欢的东西，然后找能产生反差的主题元素。我们猜测故宫这个 H5 就是倒着推的。

这种头脑风暴的优点就在于既照顾到了主题，又联系到了目标用户的喜好，有范围地开拓思路，不会偏离主题太远。在之后交互流程的相关章节中，我们做的一款 H5 就用了这个方法，届时也会跟大家演示这个方法的应用。

1.2.3　交互炫酷 有表现力

第三个特点是交互炫酷，有表现力。这个案例是网易 2016 年全年总结做的一个策划，名为《2016 请回答》（图 1-14），它带你回想你的 2016 年经历了什么，并选一个词送给这一年的你，可扫描下面二维码，来看它是如何表现的。

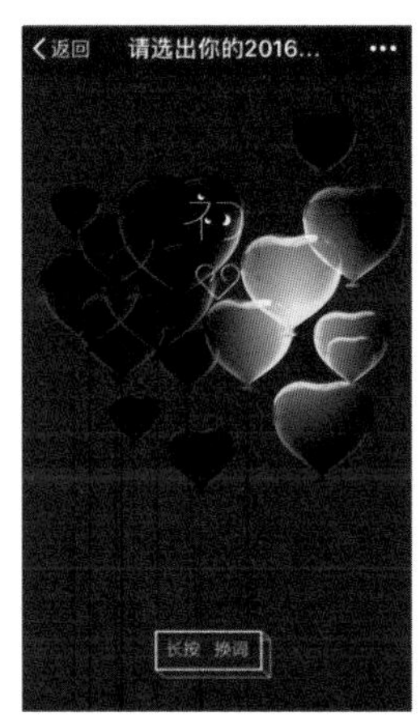

图 1-14　《2016 请回答》

通过长按选择关键词后，这支 H5 通过各种交互方式加深用户对关键词的理解，将本来枯燥的词语选取变得或有趣、或诙谐、或唯美、或灵动，表现力十足，给人新鲜感的同时也带来情感上的触动。

如果想做这种类型的 H5，可以多收集一些好的 H5 案例，学习并分析它们的具体交互形式当作储备，需要用的时候再拿出来参考，找寻合适的方式。

1.2.4 技术创新 新鲜有趣

第四个特点就是有技术创新，这个毋庸置疑，在任何一个领域，技术创新都对用户有很大吸引力。例如在切尔诺贝利核事故 30 周年纪念日的时候，网易出品了一个 VR H5 故事《不要惊慌，没有辐射》（图 1-15），以一个男孩的视角还原了当时爆炸之后的一些故事。案例中的照片，都是编辑去到实地拍摄再加上后期制作的虚拟人物创作而成。可以带上 VR 眼镜扫描下方二维码体验，如果没有眼镜，也可以观看普通模式。

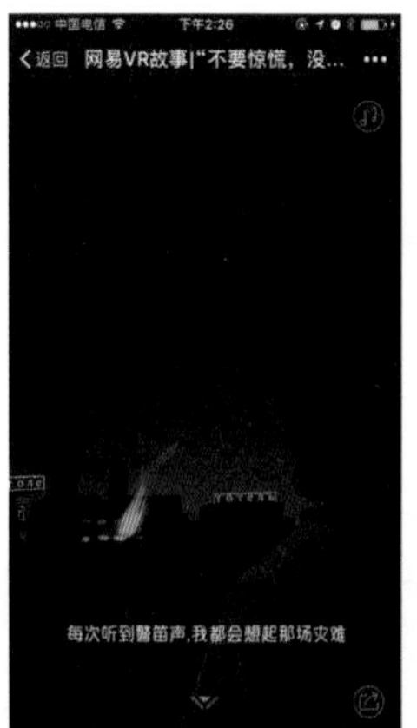

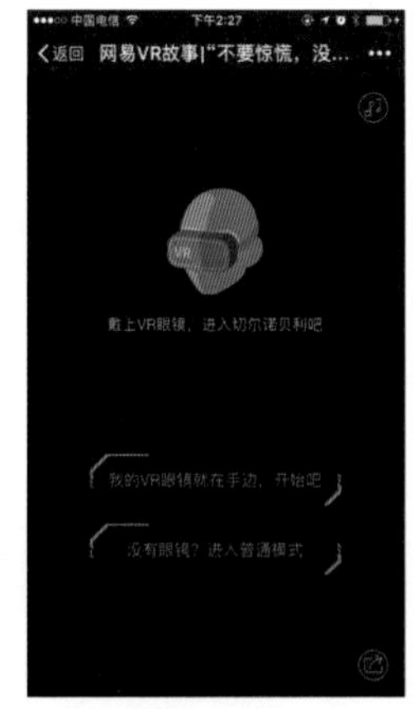

图 1-15 《不要惊慌，没有辐射》

故事展示的方式有很多种，利用新技术给用户提供新的了解视角，会对用户有很大的吸引力。除了 VR 还原的故事，我们还做了系列的深度融合报道《核辐射的回声》（图 1-16），作为 VR 场景故事的补充，当时这个系列 H5 报道也是获得了很多媒体同行和用户的高度肯定和赞扬，大家可以通过扫描下方二维码观看。

图 1-16　《核辐射的回声》

1.2.5　加入鼓励 动力十足

第五个特点，就是有鼓励机制，例如《不看脸我也知道你想要》（图 1–17）。

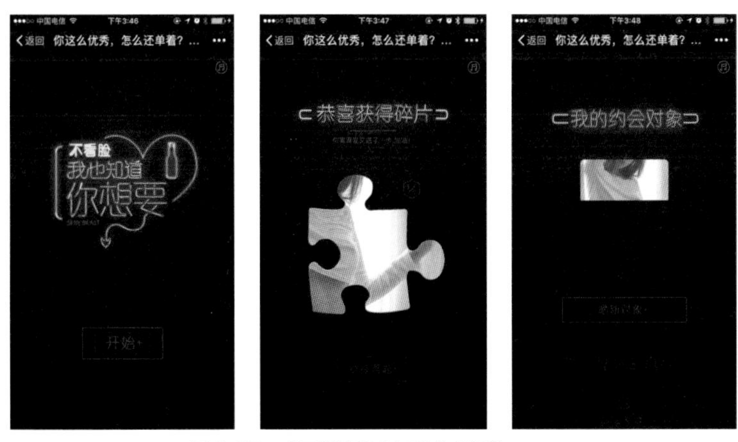

图 1-17　《不看脸我也知道你想要》

这本是一个答题类的 H5，但是融入了鼓励机制，每答完一道题都会有个碎片奖励，用户为了收集碎片而完成答题，最后通过擦除蒙版出现美女或帅哥照片，就会有通过关卡的兴奋感。这种手法也可以应用在我们的答题策划中，不是为了答题而答题，而是为了完成游戏任务而答题，就会让用户更加轻松与积极。

1.2.6 反客为主 促进回流

因为前面讲 H5 的最终目的是为了最大限度地分享回流，所以有很好的分享回流属性的 H5 也是好的 H5，这个特点的案例是在《欢乐颂 2》播出时根据热点制作的《欢乐颂大冒险》（图 1-18）。

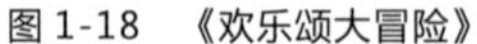
图 1-18 《欢乐颂大冒险》

在 H5 中，通过答题可以得出你的人设是《欢乐颂》里的谁，所以大家都很乐意分享，让别人了解自己是哪位主角，同时又吸引更多的人来测试，当时这个案例也在朋友圈刷屏了。

让每个用户参与到策划中来，让用户成为主角，不仅能提升用户的参与度，也正向促进了分享的概率。我们很多策划也可以借鉴这种手法。

以上是本书第一章，讲述了 H5 的概念、发展和好的 H5 的特点。大家在设计 H5 之前可以先将自己的 H5 归类到某一特点中，然后对照文后该特点的制作方法进行设计，这样就基本确定了 H5 的制作方向。

在确定方向后，第二章开始剖析设计流程。

第 3 章　H5 视觉套路

视觉设计在 H5 的制作中非常重要，好的视觉设计不仅能将主题表达得淋漓尽致，还能产生强烈的视觉感染力，最终引发用户的传播行为。那么制作一个 H5，视觉设计师需要做些什么？其中又有哪些方法和问题呢？我们的团队通过长期实践和积累获得了丰富的经验，本章将结合实例从视觉创意和具体执行两个方面给读者介绍 H5 设计中的视觉套路。

3.1 制作一个 H5，视觉设计师要做什么

在上一章中已经向读者介绍过制作一个 H5 的具体流程，在这个过程中，视觉设计师不仅需要做好视觉执行的工作，其他环节也都需要参与其中，那么设计师在每个环节中都需要做哪些工作呢？答案如图 3-1 所示。

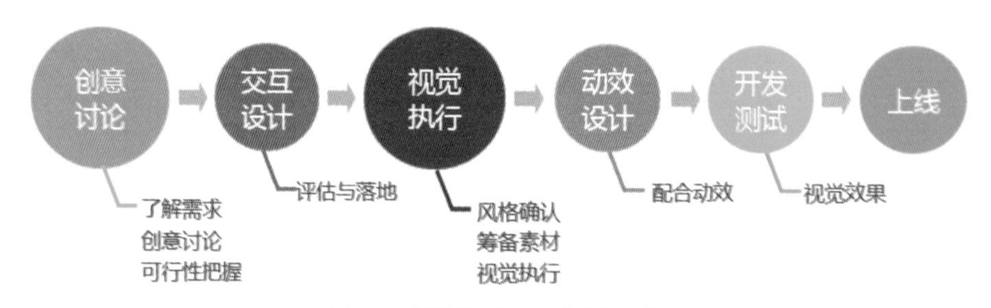

图 3-1　设计师在各个环节中的工作

（1）在创意讨论阶段，视觉设计师需要先对需求进行充分了解，再参与具体的创意讨论工作。这时不但需要贡献创意，更重要的工作是从视觉角度去把控创意方案的可行性。

（2）在交互设计师把基本的原型稿确定以后，视觉设计师需要评估出完成视觉设计所需要的时间，确保之后的工作顺利进行。

（3）在视觉执行阶段，视觉设计师需要先确认好设计风格，再根据创意和风格搜集素材，最后进行具体的视觉设计工作。

（4）在动效设计阶段，通常需要视觉设计师与动效设计师共同配合完成。倘若没有专门的动效设计师，视觉设计师需要自己做出一个动效样本给前端工程师作为实现参考。

（5）在开发测试阶段，视觉设计师要做好视觉走查工作，确保 H5 的最终视觉还原效果。

总之，在整个 H5 制作流程中，视觉设计师都需要以主动积极的态度参与其中，这样才能做出一个优质的 H5。

3.2　创意的视觉表现

制作一个 H5，可以从策划、文案、交互、视觉、动效等方面出发寻找创意形式。在本节中主要探讨的是视觉上的创意表现。如果想要产出优质的 H5，作为视觉设计师也需要拥有全局的眼光，将各方面综合考虑再进行设计。

我们先来了解一下 H5 视觉创意的流程，如图 3-2 所示。

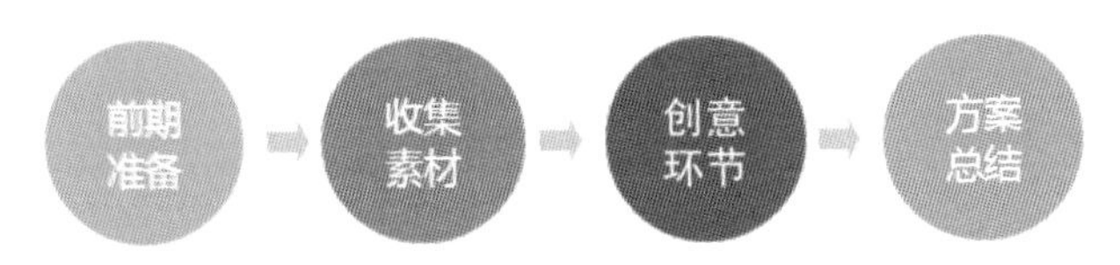

图 3-2　视觉创意流程

（1）前期准备。前期需要明确需求（包括运营目的、策划方案、H5 文案等），确定创意要点，明确设计风格。

（2）收集素材。结合前期准备所得相关内容，从视觉风格、表现形式等方面出发进行素材的收集与整理。

（3）创意环节。让思维自由驰骋，尽情发挥想象力。结合创意方法对前期收集的信息进行融合处理，运用各种方式将想法呈现为可实施方案。

（4）方案总结。集合所有方案进行总结筛选，挑选出最佳可行性方案。

3.2.1　要有目的的创意

年轻的设计师往往充满激情，构思新奇。在拿到一个 H5 主题的时候就开始抑制不住地放飞想法，以为思路越开阔就是越有创意，其实不然。我们设计 H5 实际上应当是一种商业行为，那么商业行为就有它的商业目的。

视觉设计师在进行一个 H5 的创意之前，对具体需求了解的同时，还有一个很重要的工作，就是应该明确项目的运营目的和用户需求是什么，如图 3-3 所示。

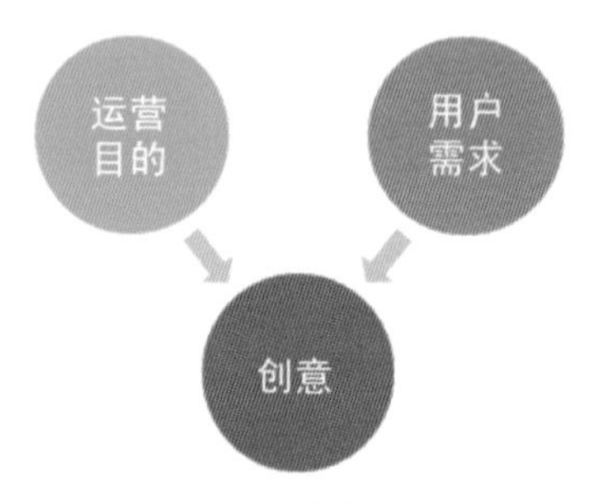

图 3-3　明确创意目的

常见的运营目的：增加日活跃用户数量、拉新用户、品牌曝光等。

常见的用户需求：炫耀心理、占便宜心理、好奇心理、情感共鸣等。

不同的运营目的会使最终的目标用户发生变化。成功的运营应当是通过满足某种用户需求，从而最终实现运营目的。

H5 的创意应当将运营目的和用户需求合理地结合在一起，过多倾向于用户需求，会导致 PV（Page View，页面浏览量）上升而 CV(Content View，内容播放数）下降；过多倾向运营目的而忽略了用户需求，则会失去流量最终达不到运营目的。

我们在进行视觉创意的时候，应当牢记这两点，将运营目的和用户需求巧妙结合在一起，从而达到最终的运营目标。这也才能让我们的创意有的放矢，而不是异想天开。

3.2.2　创意形式千千万

H5 的创意形式非常丰富，不同于其他设计的是，在做 H5 的设计时，设计师不仅需要考虑视觉层面的平面构成、空间构成、色彩构成等等，更需要考虑 H5 的整体感观效果，例如，如何把握页面的动态节奏？画面如何配合动效的设计？音乐对氛围的整体营造等等，这些都需要设计师用心研究、琢磨。所以想要设计出一个优质的 H5，在考虑创意形式的初期就需要调整好自己的思维模式，不再单纯着眼于视觉设计，还需要有一个全局层面的考虑。

本节将结合一些实例给读者介绍几种常用又讨巧的 H5 视觉创意形式。

1）元素娱乐化

时下 H5 的创意形式可谓是越来越好玩。轻松有趣、娱乐化强的表现形式可以吸引更多用户进行传播。那该如何让我们的 H5 有趣起来呢？除了从策划角度出发，我们还可以做一些巧妙的设计，给你的 H5 增添趣味。例如，可以尝试在设计中加入一些趣味元素，用比较娱乐化的方式表现出来。

王三三是网易为了打造多元新闻界所创造出来的一个虚拟主编形象，如图 3-4 所示。下面这段话是王三三的自我介绍。

> 大家好，我叫王三三，27 岁。目前在网易新闻担任首席野生内容官一职，享受主编待遇。我主管的栏目包括怀旧 90 年代的《我去 1990》、不正经解读流行的《三三有梗》、用电影聊新闻的《三三映画》和人类社会观察漫画栏目《喂你药丸》。

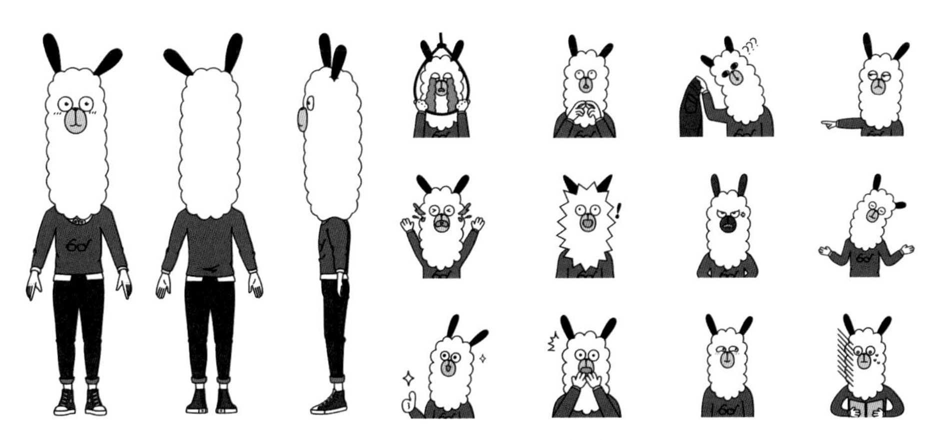

图 3-4　王三三形象图

从视觉角度看，这只是一个样子挺逗趣的羊驼形象，但是通过我们的精心策划和设计赋予了它一定的故事性，将这个形象丰满起来，它就变成了一个活生生有故事的二次元 IP（Intellectual Property，知识财产。是文化积累到一定量级后所输出的精华，具备完整的世界观、价值观，有属于自己的生命力）。

目前我们已经从王三三这个形象衍生出了网站、趣味漫画、视频、栏目等，如图 3-5 所示。H5 的设计中也常常会有它的身影，这样的一个形象已经不单纯是一个有趣的二次元元素了，相信将来它会产生更多的价值。

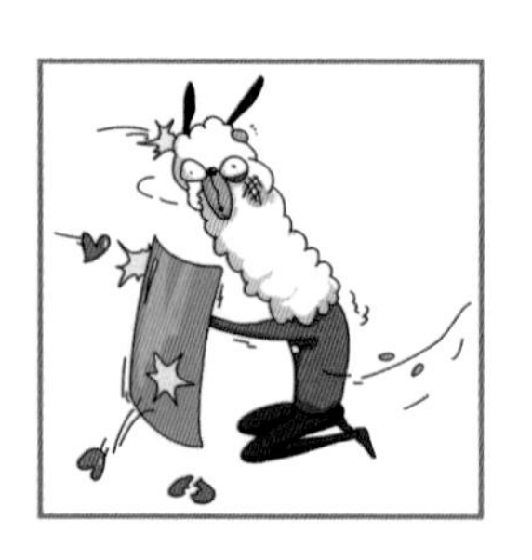

图 3-5　王三三形象衍生图

当然我们不能要求所有 H5 中的元素都这样丰满，但是设计师在做设计的时候，可以用做一个 IP 的思维，让笔下的形象更有生命力。

娱乐化的元素还有一个优点，就是应用范围很广泛，我们可以将其应用在很多题材中。就网络媒体而言，会涉及的新闻类型是非常丰富的，如体育、科技、财经等，这些都是相对传统的新闻类型，设计师若将这些有趣的元素应用到画面中，不仅能让新闻轻松易读，还可以吸引更多年轻用户的关注，如图 3-6 所示。

图 3-6　娱乐化元素的应用

如图 3-7 所示，《各有态度编年史》是网易为品牌焕新推出的一个 H5，这个 H5 在上线当天就创下了不错的成绩。设计上就采用了元素娱乐化的处理方式，一是为了给用户带去轻松诙谐的体验，二是表现出了网易倡导并追求多元、各有态度的品牌主张。

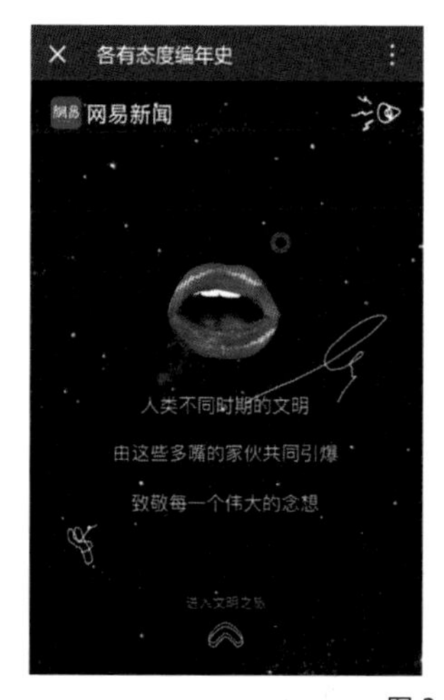

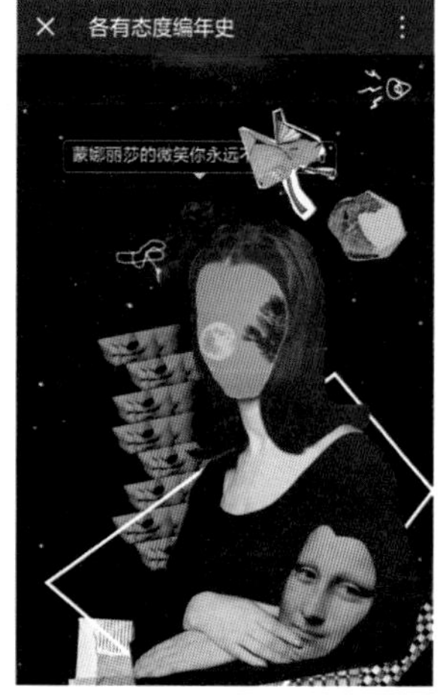

图 3-7　《各有态度编年史》

为了让 H5 氛围轻松又带有一些黑色幽默感，设计师采用了图片拼贴再结合二次元涂鸦来表现画面，元素的视觉反差给用户不一样的观感体验。所以前期很重要的准备工作就是寻找契合主题的图片素材，这是一个漫长而艰辛的过程，如图 3-8 所示。

图 3-8　部分素材

在设计元素的阶段，设计师采用了夸张的手法，将元素进行拼贴、重组，再结合有趣的动效设计，最终产生了不一样的化学反应，给观者营造了一个有趣幽默的氛围。值得注意的是，设计师不仅仅需要从视觉角度去考虑画面，还需要考虑画面的动效，如元素的动态、串场动画等。总而言之就是需要用“动态”思维去设计静态画面，如图 3-9 所示。

图 3-9　用“动态”思维去设计静态画面

在这次 H5 的设计中，设计师也遇到了一些问题。如图 3-10 所示，左图为第一版设计稿，图中只展示了一个大标题和一大堆拼贴的图片，不了解内容的用户很难看明白设计师想表达的意思；因此便有了第二版的设计，在这一版中设计师给每个图添加了几句简短的解释性文案，这样一来设计意图也就非常明确了。

图 3-10 遇到的问题

从这个问题中，我们得到了这样的启发：设计师需要时刻提醒自己，站在用户的角度去思考问题。

2）摄影图像用起来

娱乐化的表现手法并不能适用于所有的 H5 主题，尤其是一些严肃的主题。这个时候就可以考虑使用纪实性的摄影图像来作为创意的形式。摄影图像的应用能在某些特定的场景下让你的画面更具有说服力。

如图 3-11 所示，《一个美国，两种未来》是 2016 年美国大选期间，网易浪潮推出的一个特别策划。整个 H5 只采用了单纯的图文展示，用 6 个关键词来解读两位候选人，其中使用了大量珍贵的历史照片和影像资料，动画采用了视差滚动的效果来做两位候选人的双线对比。设计上通过这些摄影图像的使用，给 H5 增加了一定的厚重感。

图 3-11　《一个美国，两种未来》

本次策划的需求方可以说非常负责，策划文档、故事脚本、图片素材都一一提供给了设计师。需求的完整性对一个 H5 的设计是非常重要的，能大大提高设计效率，减少不必要的沟通成本。在拿到完整的需求以后，设计师需要做的事情就是整理需求，设计分镜，开始修图工作，如图 3-12 所示。

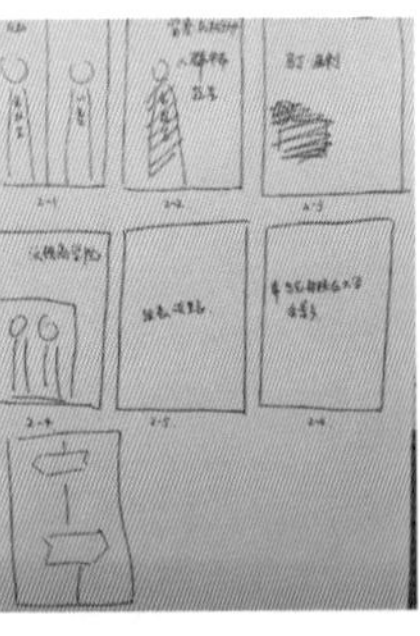
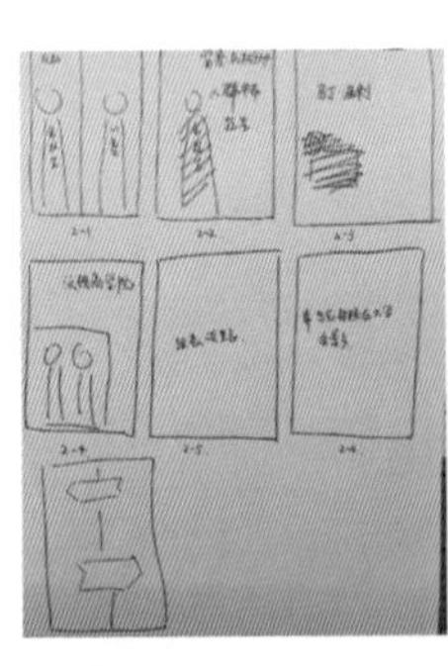
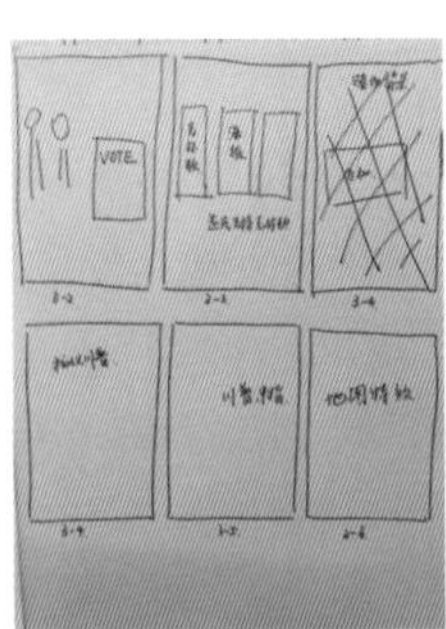
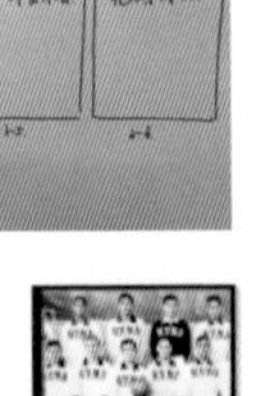
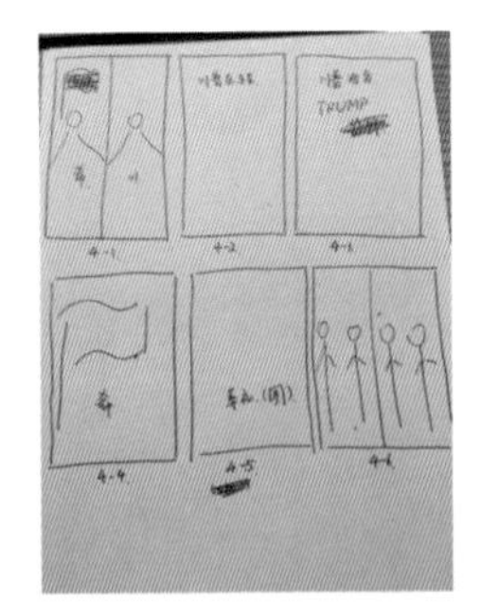

1-4（三张挑一张）(1)

1-4（三张挑一张）(2)

1-4（三张挑一张）(3)

1-4背景图

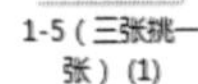
1-5（三张挑一张）(1)

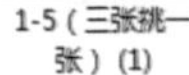
1-5（三张挑一张）(1)

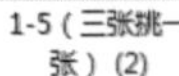
1-5（三张挑一张）(2)

1-5背景图

图 3-12　设计前期需求文档

这些摄影图片的展示并不是像幻灯片一样简单播放，而是通过视差滚动的效果来展示，视差效果让元素相互之间有了距离和深度，换言之，它让页面拥有了接近三维的视觉效果，这也使得 H5 有了更加沉浸式的体验。

一旦选择使用这种动态效果，那就要求设计师在做视觉设计的时候将图片都按预先设想的效果来进行排版，再在需要给出提示的地方进行标注。例如，图 3-13 中标示的阴影部分为设计师给前端提示的重力感应所需的安全区域；图 3-14 中的黄色线圈为右侧小照片的运动轨迹；图 3-15 的长图，则是可以供用户 360 度观看的全景图。这些也仅仅是一部分例子，为了能配合前端的制作，整个 H5 的设计稿基本都是这样呈现的。

图 3-13 标注重力感应所需的安全区域

图 3-14 标注运动轨迹

图 3-15 标注全景图

作品体量大怎么办？使用摄影图像作为创意元素的 H5，不可避免会遇到一个问题，那就是体量过大。如果按正常的图片来处理，这个 H5 的体积大概在 20M 以上。过大的体量会影响加载速度导致用户体验变差，这样肯定是不行的。那我们该怎么做呢？在这里提供给读者几种解决办法，在遇到这类问题的时候都可以尝试使用。

（1）分段加载。分段加载是很常用的一种加载方式，可以有效避免一次性加载过多而影响加载速度的情况。

（2）减少图片颜色。图片颜色过多会增加图片的大小，可以在适当的情况下做黑白处理，将颜色减少，这样保证图片体积不会过大。

（3）压缩单张图片大小。图片应用过多的情况下，整体压缩可能无法见效，可以尝试对每一张图片进行压缩，积少成多，这样整体的体积也会得到控制。

3）撩人的色彩

在人类的视觉传达中最为敏感的信息就是色彩。不同的色彩会使人产生不同的感觉。在设计一个 H5 时，色彩的应用要注意两点：

- 契合主题。
- 符合受众心理。

图 3-16 《体育网红嘉年华》

先来看契合主题。如图 3-16 所示，《体育网红嘉年华》这个 H5 的主题是嘉年华，色彩的应用上就采用了红、黄等明度较高的暖色，对比也很强烈，通过色彩的应用烘托热烈欢乐的嘉年华气氛。

图 3-17 《一个只属于独生子女的故事》

如图 3-17 所示，《一个只属于独生子女的故事》这个 H5 的主题相对比较压抑，讲述了一个独生子女的困惑与迷茫，设计师在色彩的应用上就选用了饱和度、明度都相对较低的黑白色调来凸显主图，给人压抑沉闷的感觉。这两个 H5 的色彩都是根据主题来进行选择的，这样能将主题氛围表现得更为鲜明。

H5的色彩应用除了需要契合主题以外，还需要根据不同的受众来进行用色，这样才能更好地满足目标用户的需求。如图 3-18 所示，《网易财经年会邀请函》的主要受众群体以年龄在 35~40 岁之间的男性为主，所以在色彩使用上，设计师采用了相对沉稳的蓝色调。

图 3-18　《网易财经年会邀请函》

而图 3-19 所示的《我在妈妈肚子里的 280 天》却不同，这个 H5 的主要受众是 25~35 岁的女性，色彩就选用了柔和温暖的粉色调，这样更能贴近女性的需求。在 H5 的设计中，恰当的色彩应用能让你的 H5 更具感染力。

图 3-19　《我在妈妈肚子里的 280 天》

4）人人都是“设计师”

有的时候，H5 的画面不仅仅只由设计师来创造，我们还可以把这个主动权交给用户，让人人都成为“设计师”。这并不是偷懒的行为，让用户主动创造画面不仅能提高用户的参与度，还能让其从中获得更多的成就感，极大增加用户的分享热情。

我们可以看看下文中的两个 H5 案例。如图 3-20 所示，《爱的不同定义》是网易哒哒在 2016 年推出的七夕特别策划。打开这个 H5，画面中给出五个点，用户随意将点进行连接，可以创造出不同的连线图案。

图 3-20　《爱的不同定义》

如图 3-21 所示，每一副连线图案都配有一句充满爱的话语，温馨至极。虽然连线图案都是前期由设计师精心设计出来的，但是呈现时通过技术表现出一种由用户创造的效果，其实也算是一种特别的用户体验。

图 3-21　《爱的不同定义》截屏

如果说《爱的不同定义》不算真正意义上的用户参与，那《里约小人大冒险》（图 3-22）这个 H5 就是一个用户真正参与创造画面的例子了。

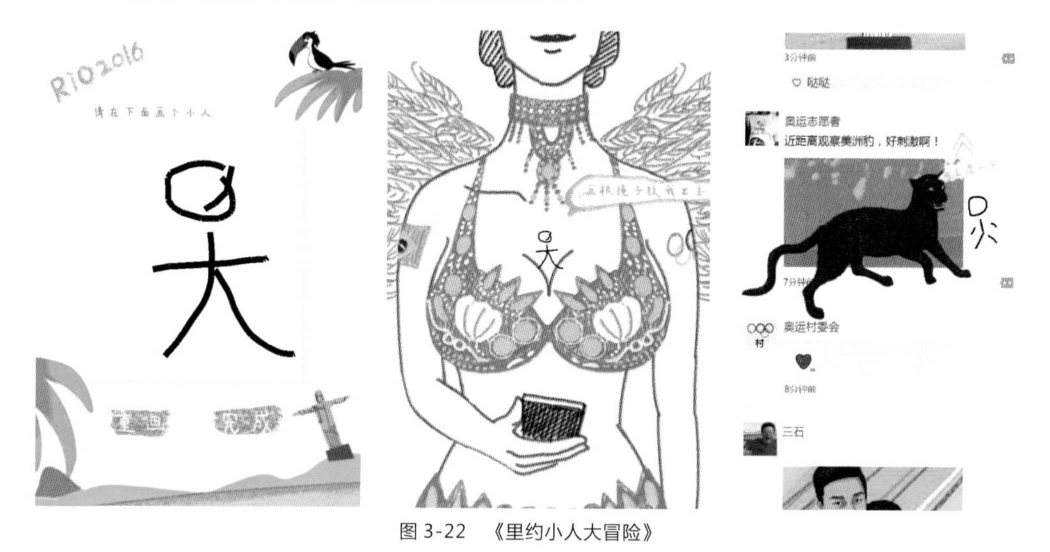

图 3-22　《里约小人大冒险》

我们直接让用户在屏幕上画出一个属于他自己的小人，并且让这个小人成为故事的“主角”。为了契合主题，设计师还设计了一些创意性的场景，如性感的桑巴女郎、仿微信朋友圈界面的设计等。为了配合用户创造出来的这个“主角”，H5 中的元素和场景都选择了手绘感强的设计风格，在视觉上让整个 H5 的浏览不会因为用户的参与而显得突兀，可见要实现用户参与创造画面的背后，设计师也需要进行很全面的考虑。

5）与技术共舞

随着 H5 技术的日渐成熟和发展，很多时下前沿的技术如 AR 、VR、3D 等都纷纷被应用在了 H5 的创意之中。这一类 H5 的特点是以技术优势取胜，运用炫酷的技术作为卖点来吸引用户。那么作为设计师，我们需要做的就是与技术共舞，将视觉设计与技术应用达到最好的融合。

如图 3-23 所示，《不要惊慌，没有辐射》是网易新闻推出的纪念切尔诺贝利事件 30 周年的策划专题，其中就使用了 VR 技术。网易前方记者去切尔诺贝利现场录制了几段视频，设计师的工作就是配合实现 VR 的技术需要，设计一些过渡性画面以及 H5 内部的界面设计。

图 3-23 《不要惊慌，没有辐射》

如图 3-24 所示，《二分之一的生活》是一个采用了双屏互动的 H5，既然是要做双屏互动，设计师就需要设计出两套不同但又有一定联系的画面，再做成动画最后通过技术呈现出双屏互动的效果。

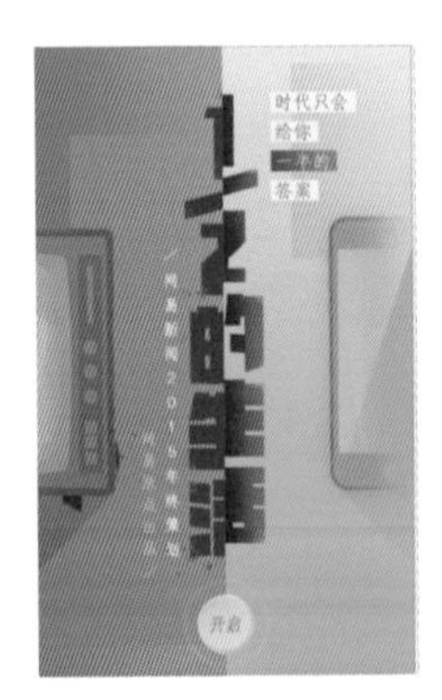

图 3-24 《二分之一的生活》

如图 3-25 所示，《FAST 寻找 ET》采用了 3D 技术来表现创意，设计师需要先设计出样稿，再用 3D 建模才能为用户呈现出全方位观看的效果。

图 3-25 《FAST 寻找 ET》

值得注意的是，在 H5 中融入高新技术固然可以博人眼球，但是想要最终呈现出高品质的创意，从设计到技术上都会耗费过多的人力和时间成本，在性能上往往也不能得到保证。因此，在选择使用技术作为创意点的时候，我们需要先与需求方和开发人员进行充分沟通，权衡利弊，进而挑选出最佳的创意方案。

3.2.3 没有灵感？没关系

设计师难免会遇到没有灵感的时候，那怎么办呢？没关系，在这一节中将给读者介绍几种实用的创意方法。好的创意方法，可以帮助设计师进行有效的思考，打开思路，找到灵感。

1）他山之石，可以攻玉

“他山之石，可以攻玉” 原意是指别的山上的石头可以琢磨成玉器，比喻他人的意见能帮助自己改正缺点。用在设计中也可以称为借鉴创意法，就是借用他人设计的优点，再结合当前需求，最终形成设计师自己的全新创意。这种创意方法比较适用于工期短，但是对设计上又有一定创意要求的 H5。

如图 3-26 所示，2017 年中国首艘航母下水期间，网易军事想要推出的一个中日航母 PK 的游戏类 H5。为了紧跟时事赶上热点，设计师就通过借鉴的方法完成了最终的创意。

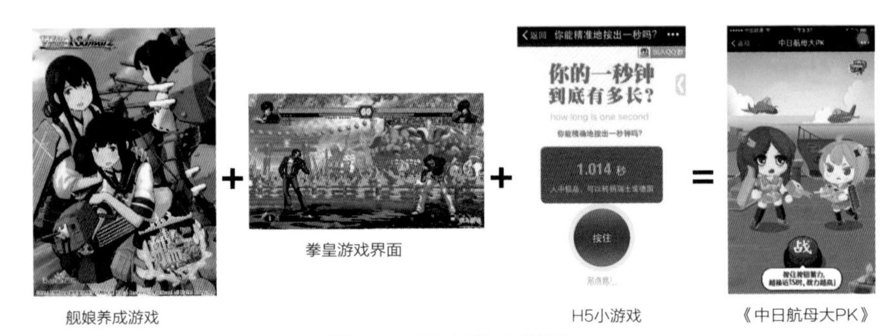

图 3-26　通过借鉴完成创意

在形象上，设计师借鉴了一款很受欢迎的日本舰队养成游戏《舰队 Collection》之中的“舰娘”形象来设计人物元素。

因为需求是做一个 PK 类游戏，所以在界面设计上借鉴了很经典的 PK 类游戏《拳皇》，希望用这种用户熟悉的界面来凸显对抗性。

为了传播得更好，设计师希望能将这个 H5 小游戏做得轻量一些，所以在交互上也是借鉴了早期很火爆的一个 H5 小游戏《你的一秒钟到底有多长？》，操作既简单又增加了趣味性。

最终设计师巧妙地将这些元素融合在一起，形成了一个全新的 H5 小游戏。

2）置身其中

H5 的设计常常要注意画面氛围的渲染，为了做到这一点，得到主题后，设计师可以将自己置身于其中，通过情景联想的方法来寻找创意。所谓情景联想创意法，就是需要设计师将抽象的文案或者主题，通过联想形成具象的画面。

如图 3-27 所示，设计师要做一个与年终奖相关的 H5，这个时候我们便可以把自己置身于要领年终奖的氛围中，由“年终奖”这个主题发散联想出一些具体的元素，如“丰收”“钞票”“劳作”“春节”“奖状”“笑容”等，再将这些元素融合进设计画面中。

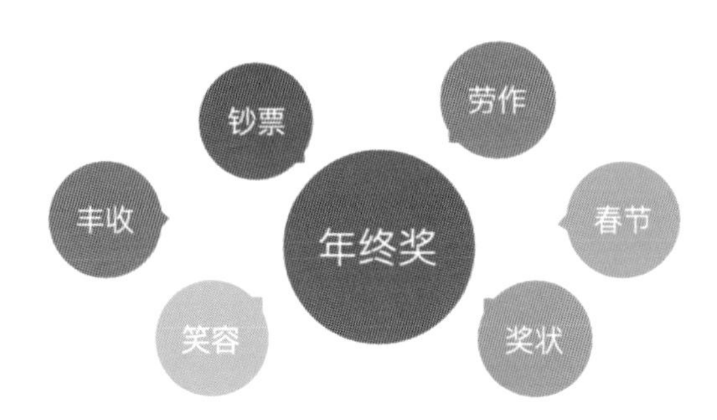

图 3-27　由“年终奖”发散的元素

最终效果如图 3-28 所示，设计师通过画面呈现了一个充满喜悦、丰收的景象，再配上热烈的背景音乐，有一种皆大欢喜的愉快氛围。

图 3-28　《网易财经年终奖》

3）三个臭皮匠，顶个诸葛亮

“三个臭皮匠，顶个诸葛亮”意思就是一个人的力量是有限的，大家在一起思考，创意才是无限的。团队一起想创意时，头脑风暴法可以说是很常用的方法了，适用于对创意要求比较高的 H5。下面给读者介绍一下头脑风暴实施的流程以及需要注意的事项，如图 3-29 所示。

头脑风暴流程：

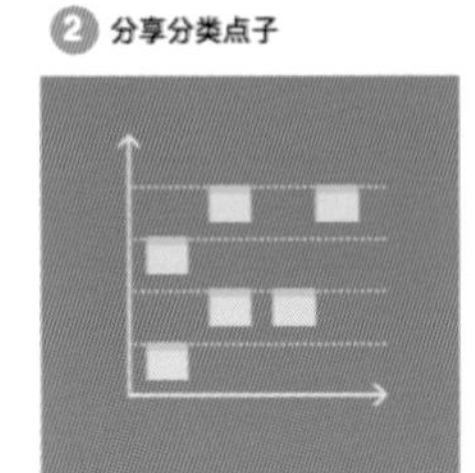

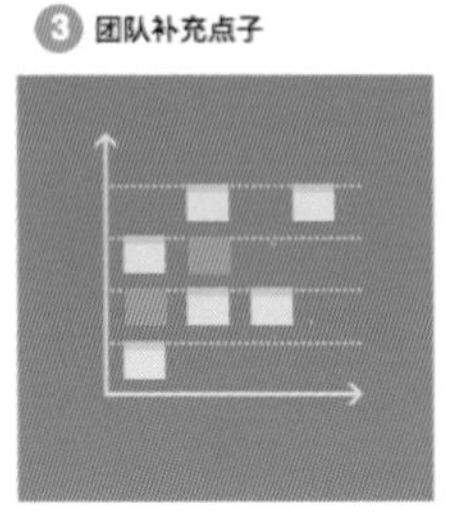

图 3-29 头脑风暴流程

首先参与成员聚集在一起，成员各自在即时贴上写下自己的点子，一张即时贴写一个点子，在这个阶段要求每个成员都尽量多写出自己的点子。

当成员都各自写好以后，将点子收集起来开始分享和分类，这时可以借助评估表，纵轴为满意度，横轴为可行性，将即时贴按这两个维度贴在表格中，这样就可以轻松地将点子进行分类和比较了。

分享结束以后，成员可以就现有的点子进行补充，也可以补充新的点子。

最后团队统一选出满意度最高、可行性最好的点子作为创意方案。

如图 3-30 所示，《职场反击战》讲述了一个关于职场和选择的故事。在确定了故事内容之后，设计师和策划人员就实现形式进行了一次小型的头脑风暴。

图 3-30 《职场反击战》

按照规则，成员先进行自由发挥，有人提出找同事出演，拍一段视频；也有人提出使用长图展示；还有人提出用类似动漫的形式表现，将“丧”与“贱”相结合等等。成员各抒己见，集合了很多点子。

随后，主持者将每个点子按大家评估的满意度和可行性进行了分类。视频展现的形式可以直接将故事进行呈现，但是拍摄难度较大，如果演员不专业有可能导致成片效果欠佳，可行性较差；长图展示实现成本较低，但是形式较为单一，缺乏趣味性，满意度不高；动漫形式的成本可控，形式有趣好玩，正好符合时下年轻人的喜好，是一个满意度、可行性都较高的方案。

由于故事篇幅较长，如果做一个几十分钟的动画，工作量还是太大了，这样一来上线时间就不能得到保证。成员就这个问题又对方案进行了补充，将绘画形式进一步简化，彩色变为黑白，在对呈现效果不影响的前提下，节约了时间成本。最后大家集体决定选用了这个满意度最高，同时也是可行性最好的方案作为最终设计方案。

头脑风暴创意法是一个群策群力的方法，因此在实施过程中还有一些问题需要注意：

（1）谨记所有点子都必须围绕现有主题进行联想，切忌对主题进行过度发散；

（2）成员表达自己的想法即可，尽量不要对其他成员的想法进行评论。

3.3 执行——手头功夫很重要

好的创意是否能最终得到画面呈现，很大程度上依赖于设计师的手头功夫，H5 的视觉执行自然是我们要探讨的非常重要的部分。就常见的 H5 形式而言，可以粗略分为两大类型，一类是纯信息展示，另一类是游戏互动。在本节中将结合具体的案例给读者分析这两类 H5 的视觉表现方法。

3.3.1 要展示的信息量大怎么办

纯信息展示类 H5，顾名思义是一类以展示信息为主要目的的 H5。纯信息展示类 H5 的特征是，通常展示的信息量会相对较大，但是表现形式却比较单一，一般都是以图文展示为主。交互形式上也相对简单，都以辅助阅读为主。

所以，想要把纯信息展示类的 H5 做得精彩是对设计师的一种考验。虽然这类 H5 很难从形式上进行突破，但是它的应用范围却非常广，例如大型会议专题、总结性专题等，是一种很实用的 H5 类型。我们在本节中给读者总结了一些实用的设计方法来应对这种类型的 H5。

1）集中展示

在移动端进行信息排版时，由于手机屏幕有限，将关键信息提炼出来，简单集中的展示是最有效的内容呈现方式（图 3-31）。“集中展示”不仅适用于纯信息展示类 H5，同样也适用于大部分的 H5 类型。

视觉设计师在应用的时候需要注意的是，不要被需求方的需求所迷惑，他们通常期望在有限的空间内塞入大量的信息，但实际上过多的信息会干扰用户对主要信息的阅读，这是不明智的做法。此时便需要设计师与需求方进行沟通，把最为关键的信息提炼出来，尽量集中展示在画面里，这样才能做到最有效的信息传达。

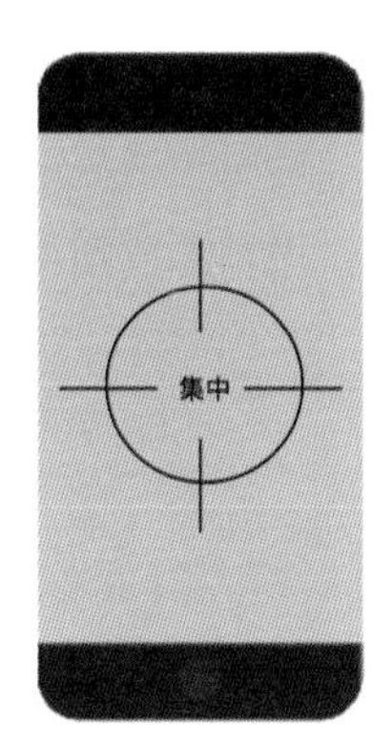

图 3-31　集中展示

2）增加层级

在遇到信息量大且复杂的情况时，设计师可以把需求内容进行归类和拆分，在与需求方进行充分沟通后，适当增加层级来展现。如图 3-32 所示，这个 H5 需要展示的信息量很大，设计师便将一些信息隐藏进第二层级中，用户可以通过点击左图红圈标示的图片入口，展开浮窗中查看具体内容。适当增加层级，在纯信息展示类的 H5 中是很实用的一种设计方式。

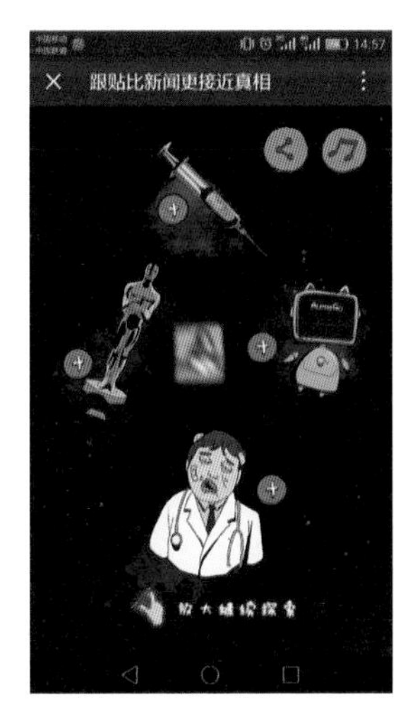

图 3-32　增加层级

3）内容可视化

研究表明，大脑处理视觉内容的速度比文字内容快 6 万倍，人们相信视觉内容能在短时间内产生更大的影响力。所以，在 H5 的设计中，视觉内容可以说是一图胜千言。

如图 3-33 所示，设计师将新闻事件编成故事，用漫画的形式呈现出来，让用户在阅读时不易疲惫，且拥有更多的趣味性，在一定程度上减少了由于内容过多、过长而导致的用户流失。

图 3-33　内容可视化

如图 3-34 所示，《非正常人类研究白皮书》是网易跟贴依据近十年来的跟贴用户数据所做的用户画像 H5。其中需要展示十年间的优质跟贴，这样庞大的数据如果通过文字、表格来展示，阅读体验是极差的。于是设计师将数据进行了可视化处理，让用户阅读起来更为轻松，打造了更优质的沉浸式阅读体验。

图 3-34　《非正常人类研究白皮书》

优质的设计都是通过不断修改打磨而成的，这个 H5 也不例外。如图 3-35 所示，左图为第一版封面设计，主标题文字较为松散，缺少视觉中心，这就是违背了集中展示的原则。于是设计师将标题文字进行了收拢，信息较第一版更为集中，虽然画面元素丰富，但设计师巧妙地运用了色彩对比和线条粗细对比，将关键信息进行了凸显，这样其他元素即使再多也无法干扰主要信息的呈现。

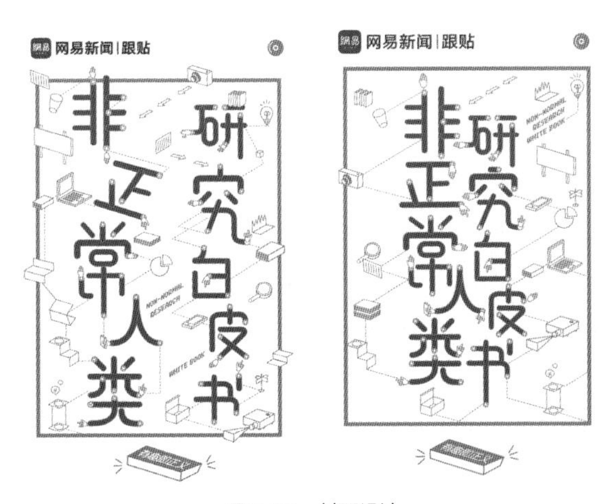

图 3-35　封面设计

如图 3-36 所示，设计师将纷繁复杂的需求文档整理出用户类型，并根据他们各自的特征设计出了相应的形象，看起来更动人有趣了。

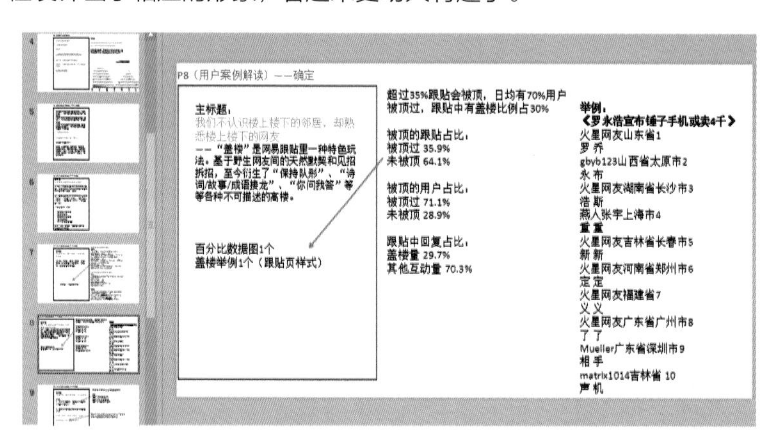

图 3-36　数据可视化

在数据呈现上，设计师并没有将密密麻麻的数据直接堆砌在画面上，而是将数据图像化处理，虽然内容很多，但是用户读起来已经轻松多了，如图 3-37 所示。

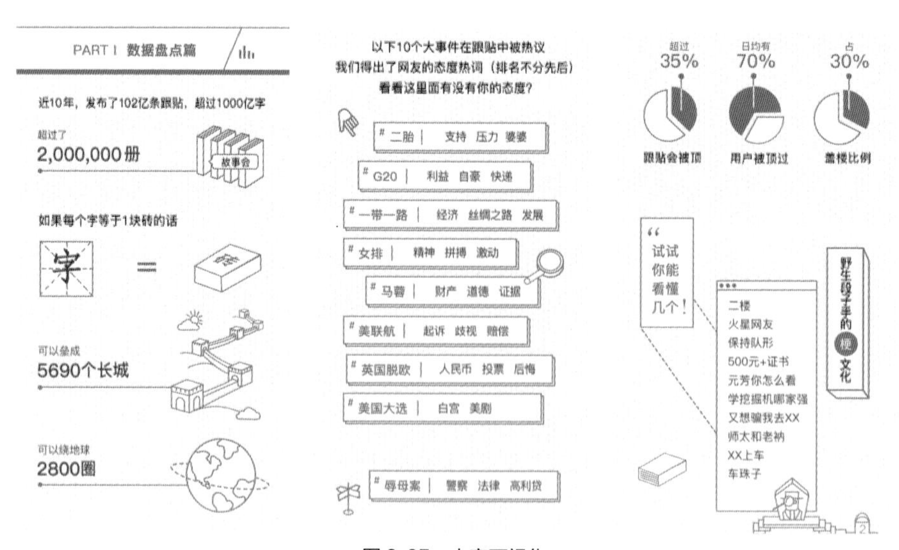

图 3-37　内容可视化

还有一些重要度不高的信息，设计师就通过增加层级的方式，将它们隐藏进浮层中，想要深度阅读的用户可以通过引导点击进入第二层级中查看，如图 3-38 所示。

图 3-38　增加层级

在处理纯信息展示类 H5 时，无论使用集中展示、增加层级，还是内容可视化处理，最重要的是必须把需求内容理解到位，这样才能将这些方法灵活运用到设计中去。

3.3.2 怎么搞定H5小游戏

在 H5 的几种类型中，游戏型的 H5 通常比较容易引起用户的兴趣，我们要明白以下几点（图 3-39）：究竟什么叫游戏？为什么要在 H5 中加入游戏元素？ H5 小游戏的终极目标又是什么？

图 3-39　理解游戏型 H5 的关键

游戏是以直接获得快感为主要目的，并且必须有主体参与的互动行为。游戏 H5 流行始于 2014 年 7 月 22 日微信朋友圈疯传的《围住神经猫》（图 3-40），当时这款 H5 游戏异常火爆，它的成功在于虽然只是一个简单的小游戏，但通过有趣的游戏交互来吸引受众，满足了受众获得感官刺激、打发无聊时间或者炫耀自己的目的，最后促成了大面积传播。

图 3-40　《围住神经猫》

用户的主动传播行为大多建立于让用户自身觉得有趣的点上，希望其他人也能获得同样的快感。一款有趣好玩的游戏 H5 的传播量是可想而知的，这是人的分享精神，也是我们设计游戏 H5 或是在 H5 中加入游戏元素的目的。

实际上 H5 游戏可以看作是手机上的网页游戏，与 App 游戏和客户端游戏不同的是，H5 游戏不需要下载安装就能够体验，从用户的层面上来说，便捷地体验游戏带来的乐趣是 H5 游戏的优势。所以轻松有趣、让人有分享意愿就是我们制作 H5 游戏的终极目标。

对于用户来说，一款吸引人的游戏，除了核心玩法之外，视觉是第一重要的部分，视觉部分往往决定了用户第一时间的去留，那么作为一名视觉设计师，在设计这一类 H5 时应该注意些什么呢？

在以往的 H5 游戏设计流程中，我们总结了以下几个需要重视的环节（图 3-41）。

图 3-41 H5 游戏设计流程中需要重视的环节

1）前期准备

前期准备可以说是整个项目进行中最重要的一环，前期准备也需要我们结合运营目的和用户需求。当我们拿到一个需求的时候，首先需要对项目的可行性进行评估，分析受众特点，再得出一个大致的设计方向，之后开始进行相关资料的搜集工作。

2）封面

作为门面，H5 游戏的封面需要起到体现气质和气氛渲染的作用，能让用户感到好奇，忍不住想要继续看看内容就算是比较成功的封面了，图 3-42 是三个封面的案例。

图 3-42 封面案例

这三个游戏 H5 的封面各有特点。

左起第一的《揪出假妹子》是一款面向二次元爱好者和年轻人群体的 H5 小游戏，主题是不辨雌雄的“伪娘”，这也是目标群体很感兴趣的角度。这个 H5 的打开方式也和常规的打开方式有些不同，抓住画面中人物的裙子拖动才能展开后续内容，这个小细节很好地抓住了目标用户心中的趣味点。

中间的《猜猜我是谁》是一款内容偏恶搞性质的猜人游戏，H5 封面上故作深沉地选了黄黑配色，显得有点严肃，但压在封面上的灰色文字和偏可爱风的图形又暗示了这肯定不是个正经的 H5。

最右边的《神奇动物在哪里》是一款答题形式的 H5 游戏，其封面配合热映的同名电影做成了魔法书的效果，通过仿真的质感和电影背景音乐有效增强了用户的代入感。

3）信息引导

与目前主流用户界面设计中“去设计”不同的是，游戏 H5 中的用户界面通常需要配合游戏画面和内容去增加设计内容，游戏类型的 H5 通常需要给用户一个醒目的交互指引，这样才能有效减少用户的学习成本，也能最快展示 H5 的内容主旨，所以在信息引导和按钮的设计上我们的要求是做到清晰、醒目。

如图 3-43 所示，左侧《中日航母大 PK》的游戏界面中，最重要的交互行为是战斗按钮，所以我们在这个按钮上增加了较多视觉提示（细节、动效、文字），这样用户在进入这个界面的第一时间就能清楚地知道该如何操作。

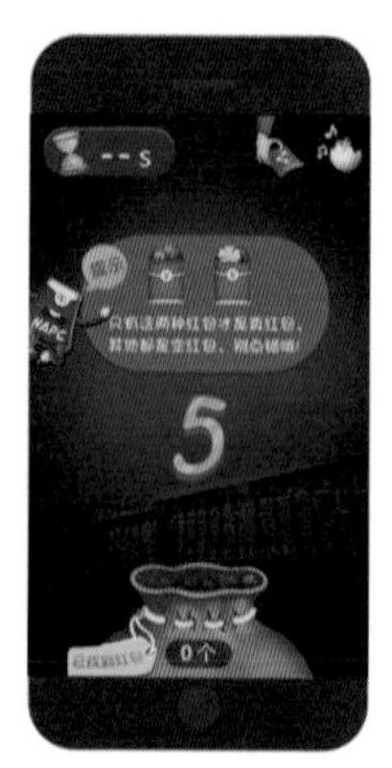

图 3-43　清晰、醒目的信息引导

右侧红包雨游戏的引导信息在游戏开始前几秒出现，由于这个游戏本身属于轻量级，节奏也是非常快的，所以玩法说明的信息要做到一目了然，这样才能够最大限度地节省用户的学习时间。

4）动效、声效

在过往的视觉设计工作中，大家可能较少接触到动效、声效部分，现在动效的应用越来越广泛，在移动平台上静态的视觉不能很好地打动用户，声效往往也是很多视觉设计师容易忽视的细节，而声效的配合与反馈会在细节上给用户留下很好的印象。恰到好处的动效和契合主题的声效能够给作品带来锦上添花的效果，对画面氛围的整体提升很有帮助。

如图 3-44 所示，左侧是《围住阿法狗》的封面，单看静态图片其实是较为正常的 H5 封面，但当加入了动效之后趣味性在一开始就能体现出来。右侧两个小图是两款 H5 的加载动画，加载页常常容易被忽视，而一些游戏 H5 由于本身的复杂程度决定了体量会偏大一些，这样就需要一定的加载时间，而过长的加载时间容易导致用户流失，所以在等待加载的过程中，加入一个有趣又配合主题的动效，能够有效减轻用户在等待期间的焦虑感。

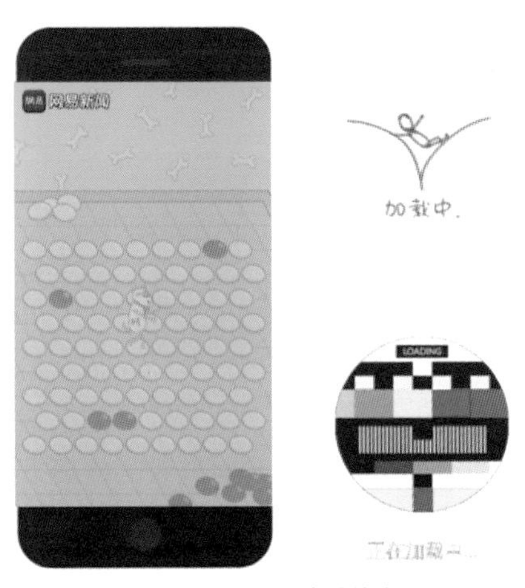

图 3-44 动效、声效的应用

5）多与技术沟通

如今我们已经能够在H5中实现越来越多的交互行为，例如绘制、擦除、拖动、重力感应、3D图形等等。技术发展向来迅速，往往今天还是技术壁垒的难题明天就成了大家熟知的操作体验，所以设计师要养成多和技术沟通、多了解时下热门技术的好习惯，这样有助于更快地知道如何为用户提供流畅、顺滑的交互体验。

接下来将通过两款游戏型H5的案例来体现上文总结的经验。

案例一为《我是一只快乐的羊驼》（图3-45）。这是一个画风粗糙、情节诡异、创意新奇、魔性洗脑的H5游戏，旨在宣传、推广王三三这个虚拟主编的IP形象。当时正值愚人节前夕，我们希望以此为契机做一款不按套路出牌的游戏H5。王三三官方的性格定义是“丧萌”和“傲娇”，也非常适合做成这样的题材。

图3-45 《我是一只快乐的羊驼》

游戏的剧情讲的是一只普通羊驼不断吃到不同关卡的秘籍，最后进化成网易主编王三三入驻网易大楼的故事。一开始我们拿到了王三三的官方形象设计图（图3-46），结合官方对王三三的气质定位和此次策划剧情要面向的主要受众，我们开始着手游戏中王三三进化前的形象设定。

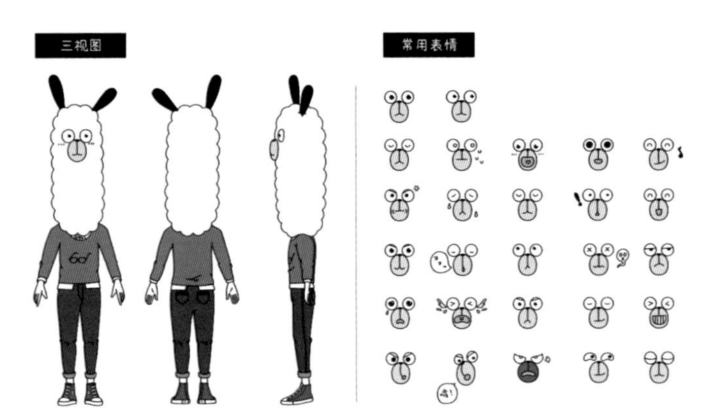

图 3-46　王三三的官方形象设计图

考虑到王三三“丧萌”和“傲娇”的关键词以及每一关的创意构思，在形象的设定上我们想到了《猫里奥》这种游戏的画风很适合这次策划的主题——让用户感受一个“恶意满满”的王三三，于是在这个方向上一直围绕“傲娇、迷之自信、贱萌”的关键词进行尝试，最终确定了最合适的羊驼形象，同时也将王三三按照一致的画风做了处理（图 3-47）。

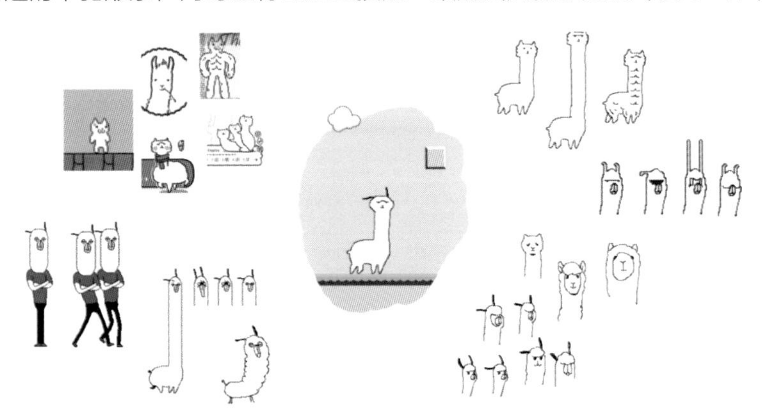

图 3-47　形象设定

然后我们在确定的形象上加以发散，衍生出了一系列表情和各种状态（图 3-48），为了更好地体现王三三羊驼的性格和满足剧情当中的一些需要，我们还可以更细致地打磨这个形象的各种细节。

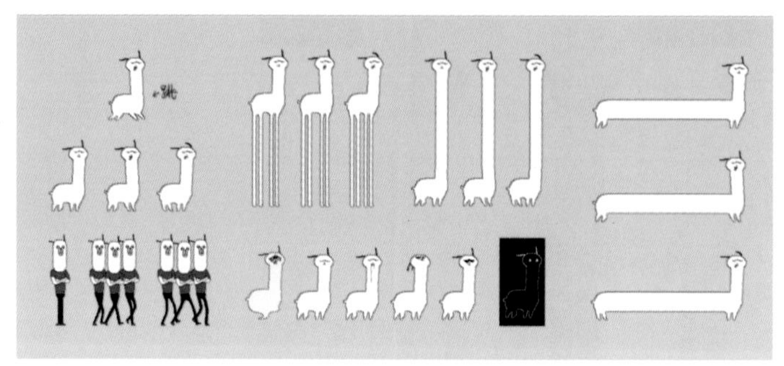

图 3-48　衍生出的表情和状态

在有了这些基础形象之后，还需绘制一系列配套的元素来组成场景，在设计这些元素时也要保持画风一致，依然是较为粗糙简陋的画风和恼人的配色（图 3-49）。

图 3-49　场景一致的画风

由于这个游戏有不同的关卡，在每一个关卡的设定上提前要有一个大概的草图，这就需要我们与需求方协同准备好关卡分镜，作为关卡设计时的参照（图 3-50）。

图 3-50　关卡分镜

接着将基础形象和配套元素进行组合，就能拼凑出一个大致的游戏画面（图 3-51）。

图 3-51　大致的游戏画面

最后我们再将这些元素按照分镜图中的定位进行摆放，就能制作出每一关卡的内容了。在视觉与交互上需要注意几点：

（1）游戏类 H5 在制作时可能与常规的流程不太一样，常规的 H5 制作流程一般是从封面开始往后推导，但游戏类 H5 可能需要先设计好基础形象和一定内容之后才方便决定如何绘制，本款 H5 的封面亦是如此（图 3-52）。

图 3-52　本款 H5 的封面

（2）玩法说明与提示在游戏类 H5 中也有非常重要的作用，由于此款 H5 游戏的内核是无厘头和恶搞，为的就是让用户不能一下子理解，而这么做的风险则是可能会造成用户的流失，所以玩法说明与提示这一页就尤为重要：既要保证玩法一目了然，又能起到一定的提示作用，并且要与游戏内画风整体一致（图 3-53）。

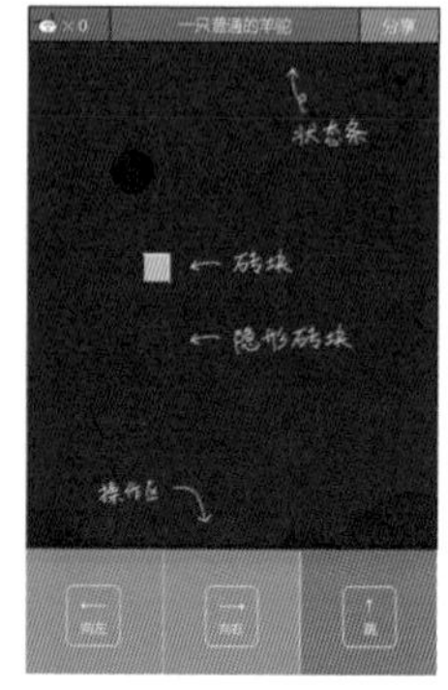

图 3-53　玩法说明与提示

（3）要重视分享回流页面，分享回流页面是 H5 产品中必不可少的环节，需要达到点题与诱导分享的目的，所以也需要精心安排（图 3-54）。

图 3-54　分享回流页面

此外，背景音乐也是相当烘托气氛的部分，为了让用户体验 H5 时可以感受到魔性洗脑的感觉，在歌曲的选取上也花了一番功夫，最终上线的版本也很好地完成了此次策划的预期。

案例二是如图 3-55 所示的《我，恐怖分子》。严格来说这并不是一个 H5 游戏，而是借用了游戏元素展示故事内容的信息展示类型 H5。这款 H5 讲的是当年巴黎恐怖袭击事件中，一位参与者参与恐怖袭击最后叛逃被捕的故事，通过还原他从小到大的经历来侧面讲述这次事件，希望从这个角度，更好地向用户传达恐怖事件的沉重与反思。

图 3-55　《我，恐怖分子》

这款 H5 的故事围绕主人公展开，共分为三个章节，分别是主人公的成长期、恐袭期和逃窜期，由于故事线长、事件多，整理编辑起来耗时较长，当时大概花费了一个月的时间完成所有故事画面和设计内容，但是最后整个 H5 的大小只有 2.9MB，下面我们来解析一下这款 H5 是如何一步步成型的。

一开始我们拿到了非常多的需求资料和故事线内容（图 3-56、图 3-57），需求方提供了一个大概的交互形式，希望每到一个时间节点都能够展开相应的主线与背景的阅读内容，以按钮呼出弹窗的形式体现，最多会有 6 个延展按钮的情况。

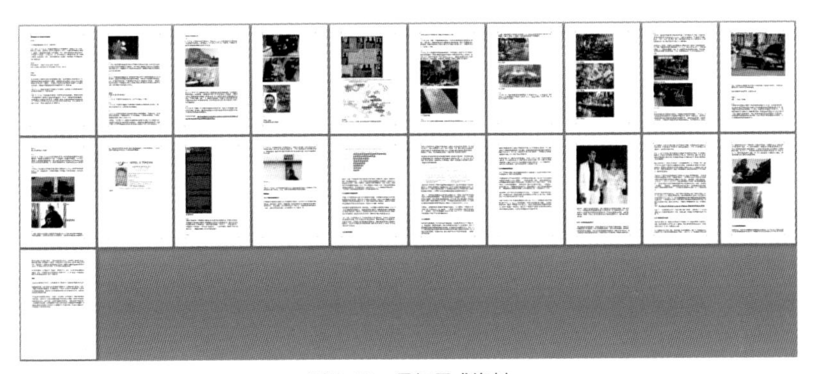

图 3-56　最初需求资料

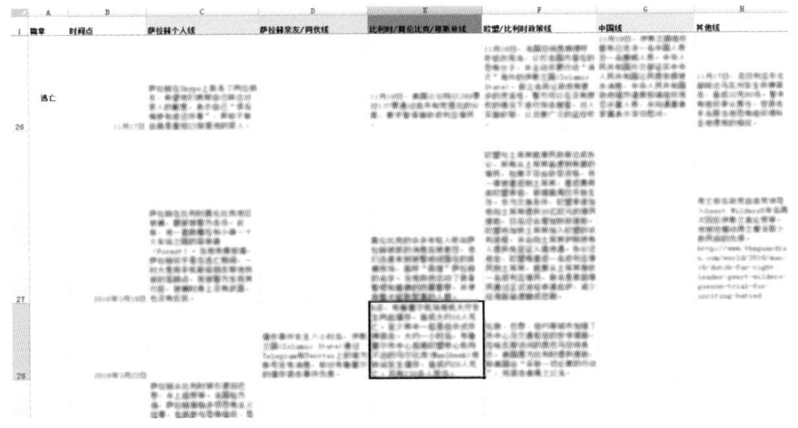

图 3-57　最初故事线内容

按照需求做出了相应的交互原形后，我们认为这样的交互形式并不能够让用户有很好的阅读体验，相反可能导致用户流失，于是我们开始思考如何保证阅读质量并提出了优化的方案（图 3-58）。

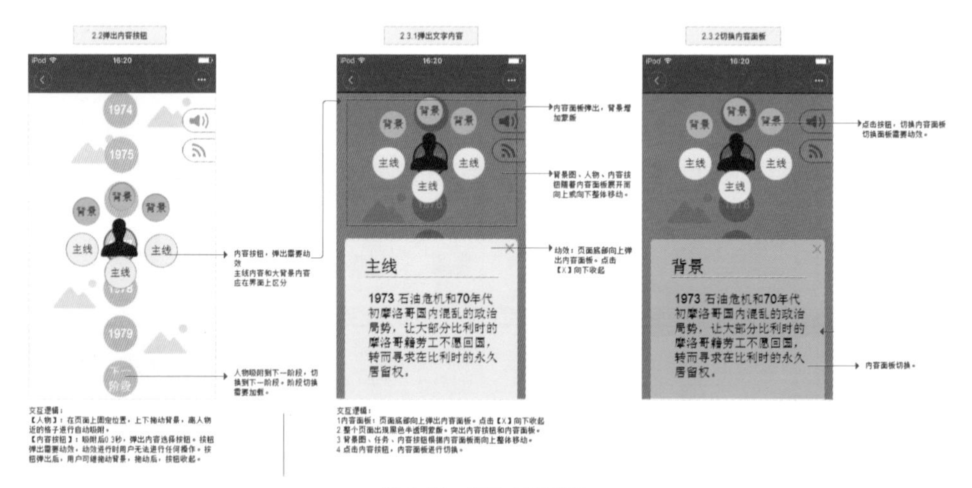

图 3-58 优化方案局部

但是此种优化方案需要说服需求方将需求文案进行大量修改和删减，在交涉沟通之后需求方认可了我们优化后的交互形式并将内容做了大幅度的调整（图 3-59），大致就是后来成品上的文字内容，不过删减过后的文字依然十分大量，如何让用户有耐心亦或是更有兴致地阅读下去就成了我们需要思考的首要问题。

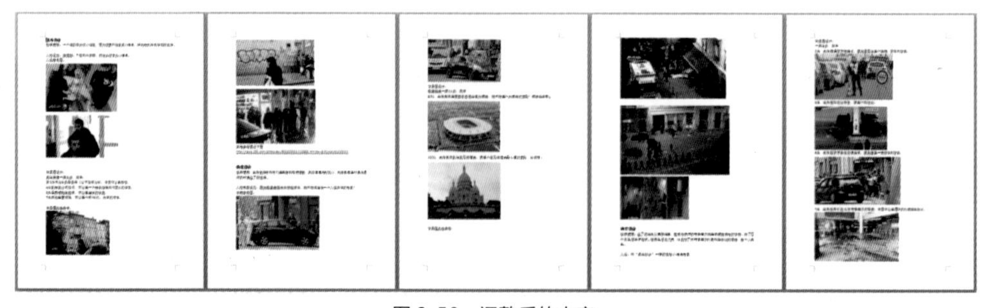

图 3-59 调整后的内容

新的文案内容将故事分成了三段流程进行展示，每段流程中都有一定的动效需求，并且在每段流程过渡的转场阶段还要求加入漫画插图。考虑到大量的文字内容以及对动效与插画的需求，用常规的方式展开设计可能导致最终成品体量过大不利于加载，于是根据以往的缩小体量的经验——减少像素，我们想到了“红白机”中的像素游戏。

图 3-60 效果草图

由于像素画中渐变的部分都是通过几种固定颜色的像素点进行组合来实现，哪怕画面多复杂图像的体量都不会太大，而且新的交互方案配上像素化的形式，看上去就好像是个像素游戏，而这个表现方式刚好又解决了我们担心的用户可能产生阅读疲劳的问题，在敲定这个方向之后我们便快速制作了一个效果草图（图 3-60）。

由于这是一个线性的故事，每点击一次只能看一个时间节点的文字内容，所以这个 H5 的分镜就尤为重要了（图 3-61），虽然删减了很多内容，但最后还是有 36 页画面。

图 3-61 故事分镜

随后，我们需要根据资料内容设计主角形象，在有了主角常规形象之后再结合故事内容绘制出主角几个阶段的形象（图 3-62）。

图 3-62　主角形象

在有了一定的人物风格后，就可以结合流程来进行整个项目中最难的部分——背景图绘制。为什么说背景图绘制是这个 H5 制作时的难点呢？绘制流程大概是这样的：先画出草图，然后填充像素，由于每一个节点都是独立的一张画面，所以在绘制的时候就需要考虑合适的画面构图，即每个节点中主角和背景内容的关系，并且保证每一个节点中出现的建筑都与当时主人公经历的事件相关。这需要搜集大量资料然后加以创造与概括，所以也是整个项目中最为耗时的地方（图 3-63）。

图 3-63　背景图制作

在游戏中，背景的功能除了交代环境，最重要的工作就是渲染气氛，为了让背景能够更好地配合故事情节的发展，我们也在背景的颜色选取上进行了设计，希望通过背景的色调变化来暗示主人公在当下的状态。

例如，在恐袭期的前半段，恐怖分子进行准备，该时期的背景是即将进入黑夜的黄昏；在恐怖袭击的过程中是暗沉的紫红色背景；直到最后，主人公突然醒悟开始逃离回家，天色也好像即将要破晓的样子（图 3-64）。

图 3-64　背景的色调变化呼应不同气氛

H5 中的用户界面是与主人公形象、背景草图同期进行设计的，我们将原本置于画面下方的文本框移动到了画面的上方，将操作区做了控件设计，置于屏幕下方并缩小了操作区间，这些做法都是为了让用户更好地操作与浏览，让用户的视觉中心始终聚焦在主人公附近，也就是画面中心部分（图 3-65）。

图 3-65　H5 中的用户界面设计

在有了主人公形象、背景和用户界面之后，我们便着手补完故事中其他的人物和各类元素，这里还要将人物和部分元素进行分解切图（图 3–66），这样就能方便动效设计师进行动效部分的设计。

图 3-66　元素分解切图

在上面两个案例的设计过程中，我们始终都在考虑三件事情：目标群体、性能、流量制约，如图 3-67 所示。

图 3-67　始终需要考虑的三件事情

（1）考虑目标群体也就是受众。这是个老生常谈的内容了，我们做的任何设计都有主要的目标群体，充分了解你的针对人群，他们是学生还是工作者？是科幻迷、二次元爱好者还是追星族？知道他们想看什么，才能做到在第一印象就吸引他们打开 H5 并体验下去。

（2）考虑性能体验。在以往的 H5 游戏项目中，最后测试环节通常是 iOS 端运行流畅，哪怕是一些体量较大的 H5 游戏运行起来都还是比较顺利的，但是安卓的中低端机器大部分时候都会卡顿和出现各种 bug。可是安卓机用户还是一个非常庞大的群体，那么就必须从设计方案上去进行权衡。

（3）考虑流量制约指的是 H5 游戏对流量通常会有一定的要求，毕竟是在移动平台上运行的程序，我们无法要求用户在最理想的 Wi-Fi 环境下打开 H5，再加上我国网络环境的限制，网速如果不理想就会非常影响体验。

所以总结来说，H5 游戏应该尽量偏轻度一些，但也不能因为轻度就过分减弱视觉和玩法，要在这些基础上去思考合适的视觉表现和游戏玩法。在制作 H5 游戏时，很多时候设计师要做的不是一个静态的画面，而是要在脑海中有一个连贯的创作思路，这样也能经常发现一些新的趣味点。

我们认为，设计师实现自我价值的方式不是在于你创造了多么漂亮的设计，而是提供了什么解决问题的方法，一名设计师如果只能提供视觉的输出，那他的能力也只能到美工级别，身为一名视觉设计师，在 H5 游戏的开发中，也可以试着贡献自己的想法。

3.4 万能的插画

插画在各个时代通过不同的表现形式一直活跃在人们的视线中，它有着多种多样的风格，当运用在 H5 里能让用户更容易了解所表达的内容，补充和延展文字以外的信息，增加趣味性，强调和升华产品主旨与品牌形象。

那么，如何让插画为 H5 加分就格外重要，下文将总结几点注意事项跟大家一起探讨。

3.4.1 做到表里如一

应对不同的主题，需要不同的画风。没有最好的画风，只有最适合的画风。作为一名商业插画师最好能够掌握多种画风，这样在接到不同的工作需求时才能得心应手，不会手忙脚乱。插画师可以平时多浏览一些优秀的插画作品，并且去分析不同画风的画法，可以把不同画风的作品做一个归类总结，这样通过大量的理解分析就可以对更多的画风有个更深入的认识。

如图 3-68 所示，这是我曾经整理的一些画风归类总结（有些乱大家可以忽视，重点是方法），每个人都可以有自己的一个总结文档，可以根据自己理解的词汇来描述各种画风之间的相似处。只有经过梳理过程中对不同画面的独立思考，自己用的时候才会得心应手。

图 3-68 画风归类总结

如图 3-69 所示，图中分别呈现了三种不同的画风，用户一眼就能看出来每个 H5 的大概调性是什么样的，是温馨或者个性又或者正式。画风营造出了文字内容以外的世界，让用户在一开始就能知道接下来大概会是一个什么样的内容呈现，引导用户理解主要内容，提供更多的阅读动力。

图 3-69　三种不同的画风

对于如图 3-70 所示画风，处理时插画师前期会勾画一个线稿图，这不仅可以构思想要表现的主要内容，同时在跟需求方对接的时候，也可作为前期的一个预览，保证后期制作的时候相差不会太大。

图 3-70　设计线稿图及完成图

此外，还需要预留出文字的位置，来确保整个 H5 页面所要表达的文字信息有足够的面积来呈现。上色阶段用了纯度比较高的颜色，每个物体的刻画都有受光面跟背光面，这样整个的体积感就有了。同时为了烘托氛围加了雪花的元素，北方过年一般都会下雪，这种用自然现象烘托画面是很好的方法，再加上戴着耳机在听音乐的人物微笑的表情，让整个画面看起来更舒服、轻松，比较符合年轻人的审美。

3.4.2 形式很重要

H5 中可应用的插画形式多种多样，粗略统计有以下几种：

（1）H5 单页里的元素类插图，这种是比较常见的形式，大多是文字信息占主要位置，用一些有意思的插图小元素来点缀画面，一方面来表现文字信息无法表达的内容，一方面丰富画面效果，起到辅助的功能，让读者看起来不那么晦涩；

（2）360 度的全景类插图，这种大多是以画面为主，文字信息比较少，需要了解 360 度插画的制作方法，对插画师的要求较高，可以通过 360 度全景透视线来绘制，或者可以当成一个盒子的六个面分别来画，需要前端来最终实现；

（3）一镜到底的插图，这种类型的插画需要安排好每一张画面的衔接问题，相当于画中画，第一张画面最终要成为第二张画面的一个组成部分，第二张画面成为第三张画面的一个组成部分……所以需要在每个画面衔接上多下功夫，争取每个衔接都不一样并且比较自然；

（4）最近比较流行的长插图，其特点顾名思义就是很长，可以是横向的也可以是纵向的，这种插图也会面临一个衔接画面的问题，如果是一个统一视角的长图就不用考虑太多，但是如果长图里需要很多内容的转换，就需要考虑衔接问题，当然最终效果一定要自然，通过画面把内容交代清楚；

（5）视频类的插图，这种就需要动效师制作视频了，插图只是前期的准备工作，可能为了达到某些动作效果需要插画师绘制序列帧，或者需要绘制人物的一些动作、表情，视频类的体量一般比较大，注意控制时间不宜过长。

以上每一种插图都有自己的优势。形式决定着一个 H5 整体的体验感受，如果说内容是整个H5的灵魂，那么形式就是H5的骨骼，对于不同的主题内容，如果能用适合的形式来表现，则会为整个 H5 加分。

这里来分析一下长图。正所谓“一寸长一寸强”，长图的表现力更加丰富，这种形式也很常见，古代的《清明上河图》就是最早的先例。如图 3-71 所示，不管是横向还是纵向的长插图，在 H5 里面都有着独特的魅力，能够满足用户自由控制画幅的心理，省去中间翻页的“出戏”，连贯的画面细节更能够吸引用户持续阅读，增加用户操作时的沉浸感。

图 3-71　长插图案例

如图 3-72 所示，是一个关于青藏铁路的 H5 长图，其画风比较唯美，颜色的处理上多使用渐变色，肌理上做了杂点的效果。

因为要表现青藏铁路穿过不同地域的风景，以及在恶劣的环境下施工的困难，所以场景跟场景之间怎么衔接就成了这个长图的一个难点。可以看到图 3-72 的长图相当于无缝衔接图 3-73 的两张图，处理上要考虑好两个场景中要有一个场景的前景可以覆盖另一个场景的前景。这里是通过一个山体来衔接两个画面的，为了安排好它们的前后关系，前期可以合在一起先预览一下。

图 3-72 《趁活着去拉萨》

图 3-73 长图的两个场景

这个 H5 还有一个特点，就是背景的天空一直在变化，这是因为青藏铁路沿线走下来，会经历从白天到晚上的过程。所以每个场景的背景颜色是不一样的，在天空上做了一个渐变处理。尽管每一个背景的天空颜色都有变化，但是不能太过，控制在临近色的区间内。这样每个背景后期在 H5 制作中比较好实现，时间的变化感也会体现出来，整体看下来比较连贯。

3.4.3 制造氛围

制造氛围的方法也有很多，例如通过添加某种元素来营造氛围，很常见的就是过年期间可以用春联、灯笼、鞭炮等节日元素来烘托。

此外，也可以通过色彩来烘托氛围，不同的色彩给人的感受是完全不同的：

- 红色，使人感到热情、快乐、强烈，激发爱的情感；
- 黄色，让人联想到阳光、沙滩、快乐、明亮，使人兴高采烈，充满喜悦之情；

- 蓝色，代表忧郁，联想到蓝天大海，给人以安静的感觉；
- 黑色，联想到黑夜，代表着庄严、沮丧和悲哀；
- 白色，给人以素雅、纯洁、轻快之感。

这些并不是固定的模式，其实颜色只是整个画面给人的一种感受，重要的是能传达出什么，而不是什么颜色代表什么。而且每个人对颜色的感知是不一样的，所以还是不能太程序化照搬，需要灵活运用。

最后，不同的光影也能营造出不同的氛围感。因为有了光就看到了一切，世界变得五彩斑斓，特定的光影结合色彩效果会制造出不一样的视觉感受。如图 3-74 所示，不同的光影色彩对于整体的氛围营造起着关键作用。

图 3-74　不同的光影色彩

图 3-74 左图中，路灯的光束打在人物的身上，背影的轮廓感变强了，黄色的路灯光束使得整个画面的颜色都有点泛黄，光束的边缘也有一些噪点，表现出了电影胶片的感觉。

图 3-74 中图中，整体的孤独感营造得不错，一轮弯月散发出蓝白色的光晕，还有夜晚天空上的星星以及流星的衬托，再加上冷冰冰的建筑上只有一个窗户里亮着黄色的灯，在整个大面积蓝色背景里更显孤独。

图 3-74 右图中，整体上是一个比较昏暗的色调，只有远处微微亮的天空，好像太阳马上就要出来了，映衬出了前面车子的轮廓。车灯的光束打在前面给人一种运动感，整体都比较暗，亮的地方集中在了车子周围，更多的轮廓细节暗示也让画面中心安排到位，给人更多的联想空间。

可见不同的光影色彩处理方式，既可以引人怀旧追忆过去，也可以反映内心情绪色彩，制造出不同的情怀世界。善于利用光影效果，会给画面增加层次。

3.4.4 案例赏析1

如图 3-75 所示，《娱乐圈画传》是网易自 2014 年以来一年一度盘点当年娱乐圈轶事的年终策划，每一年的《娱乐圈画传》都是以古风手绘的形式来描述现代娱乐圈的内容，让人有种穿越的感觉。各种精彩吐槽和调侃，让人忍俊不禁的细节，也非常符合娱乐圈亦真亦假的气质。

图 3-75 历年的《娱乐圈画传》

我们来分析一下 2016 年的娱乐画传。其形式上采用了画中画，跟长图有些类似，让每一个娱乐事件都能够通过长按展示出来。

在设计前期，需要考虑好每一张图是如何衔接的，第一张图要作为第二张图里的元素，这样才能实现画中画的效果，所以设计前期要把所有要画的图先用草图梳理一遍。而且图片尺寸要比较大，这样在两张图衔接的时候才不会虚，最短边的尺寸在4000像素左右就没问题。

在颜色的处理上，则会选择一些比较艳丽的颜色，这样才更有娱乐八卦的感觉，而且也是年底策划，整个氛围还是想比较喜感的。画面的肌理也都采用国画宣纸的纹理，在塑造方面需要处理成笔墨晕染的效果。注意不能在处理体积的时候太明确，可以用一些柔光类的笔刷来处理。

在画面安排布局的时候，可以找一些国画素材来参考，这样才会更容易让读者产生共鸣，符合国画的调性。当然这种参考不能过度，还是要以内容为主来安排画面，参考只是让画面更加符合国画的一些标准而已。

1）交代清楚事件的来龙去脉

如图 3-76 所示，王宝强事件是 2016 年大家比较关注的，画面中通过人物手举的休妻书以及身边人物的反应，还有吃瓜群众的围观，交代了整个事件的来龙去脉，让用户更加容易理解事件。

在图片的衔接上，图 3-76 变成了之后电视里的内容，实现画中画的效果，就可以一镜到底了。

图 3-76　交代事件的来龙去脉

2）细节增加趣味性

如图 3-77 所示，一些现代化的道具细节能够丰富画面，例如剧组拍摄场景里的打板，还有当下流行的视频直播元素等都增加了穿越感。精彩的细节经过仔细琢磨可以给用户更多的事件关联提示，让用户会心一笑，趣味性更强。

此外，画面安排可以更加灵活，不拘泥于时代空间的限制，遵循一些国画的标准但是也不能完全遵循，胆子大一点，适当打破一些规矩，更加随性地组织画面。

图 3-77　增加细节趣味

3）意境提升层次

如图 3-78 所示，封底的插图变成了渔翁独钓——任何事件不管发展过程如何跌宕起伏、峰回路转，最终都会归于平静，娱乐圈各种事件都变成了人们茶余饭后的消遣闲谈。就像《江雪》中的诗句一样："千山鸟飞绝，万径人踪灭。孤舟蓑笠翁，独钓寒江雪。"意境上一下子提升了一个高度，也符合国画所独有的表现形式。

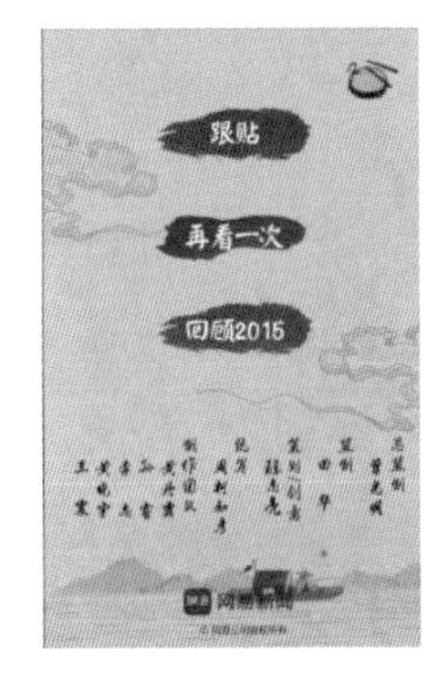

图 3-78　封底意境提升层次

所以在 H5 的处理上最好也要能够体现意境，不妨试试用大量的留白来表现，这样既给整个 H5 画了一个句号，又让人有意犹未尽的感觉，同时留白的区域也可以用来排放最后的封底信息，一举多得。

3.4.5　案例赏析2

如图 3-79 所示，《头条者联盟》也是关于娱乐事件的盘点，它走的是美国漫画风格，每个人物身上都有比较硬朗的黑色线条、明确的体块结构和黑白灰关系，颜色上也是比较娱乐化的高纯度颜色。设计中每个事件的明星都是不同的英雄，夸张的漫威处理手法更加突出了娱乐性，每个形象的设计很到位，整体也是在一个长图的基础之上通过左右滑动屏幕去寻找当年所发生过的娱乐事件，寻找到正确的娱乐事件点开后还会有相应的动效展示。

图 3-79 《头条者联盟》

如图 3-80 所示，第一张图的“召锤神”是薛之谦事件，人物手里举着一个盾牌，来防御各种雷击，生动的表情更加让人觉得有趣；第二张图“剁手战警”取材于“双十一”时马云推出的电影《功守道》，设计上是一个穿盔甲的机械战警，可谓攻守兼备。

图 3-80　通过绘画实现事件解读

图 3-80 中的三幅图通过美漫的分格形式、速度线和一些光效来丰富画面，夸张的表现手法更是突出了事件的特点，还原事件本质的同时，让画面更加具有趣味性。

最后，在整个大场景里也运用了很多元素，例如巨大的话筒、塑像、废墟等，设计上看得出来设计师比较有自己独特的想法，如图 3-81 所示。画面整体上色调较暗，笔触感比较明确，只有远处若隐若现的灯光和星云比较柔和，构建出了一个荒诞而且具有戏剧效果的场景。把人物放在场景中，能给人意想不到的视觉感受。

图 3-81　大场景设计

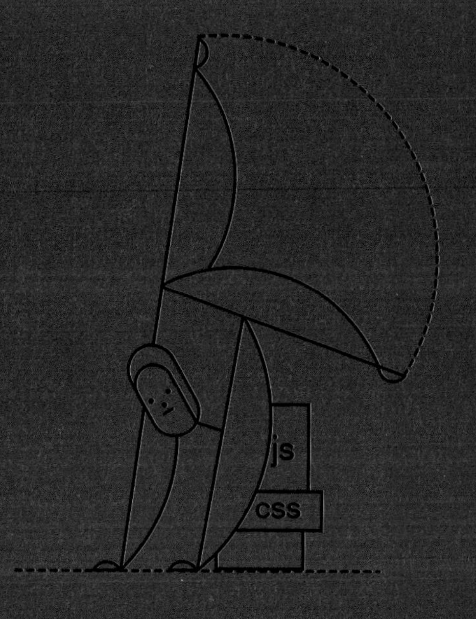

第 4 章　H5 动效解密

动效是随着动画与计算机图形技术的发展演变出来的一种设计门类，一直主要用于广告、节目包装、动画、电影制作等领域。随着苹果的 iOS 7 彻底扁平化及 Google Material Design 的发布，动效开始在移动互联网端“大显身手”，不仅丰富了视觉效果，也开始用于传递信息。本章的前两节内容将带领大家了解动效的发展历程以及动效在 H5 中的运用，让大家对动效有更进一步的理解；而后两节内容结合实际案例讲解动效的运动规律以及具体的制作方法。

4.1 何为动效

如今，你可以在各种网站、H5 和 App 上看到动效的身影。“动效”一词近两年越来越频繁地出现在我们的视野里，但究竟何为“动效”？

4.1.1 动画与动效

提到动效我们总会第一时间想到动画。1906 年动画史上公认的世界上第一部动画《滑稽脸的幽默相》（*Humorous Phases of Funny Faces*，图 4-1）对公众发行，这部动画电影运用了逐帧拍摄的动画技术，以每秒 20 帧的速度移动，影片作者布莱克顿对逐帧拍摄技术的探索对后来的动画艺术和电影特效都有着关键性的贡献。随后的一百多年里，动画的形式飞速发展。

图 4-1 《滑稽脸的幽默相》（*Humorous Phases of Funny Faces*）

1995 年的感恩节（11 月 22 日），世界上第一部全电脑制作的动画长片《玩具总动员》（*Toy Story*，图 4-2）在全美上映。这部由约翰 • 拉塞特（John Lasseter）指导，皮克斯动画工作室（Pixar Animation Studios）制作的长片动画不仅以 1.92 亿美元的票房刷新了动画电影的记录，在全球也缔造了 3.6 亿美元的票房纪录。从此，动画又多了一个维度。

图 4-2 《玩具总动员》（*Toy Story*）

二维动画、三维动画、定格动画等各类动画的制作水平不断提高，来自迪士尼的动画师弗兰克·托马斯和奥利·琼斯顿在《生命的幻象》一书中提出迪士尼动画的 12 条黄金法则，这些法则已普遍被采用，至今仍影响 3D 动画的制作，也为 H5 动效的制作提供了根基和方法。《我觉得我的工作想杀了我》（图 4–3）就是二维动画在 H5 上的一个展现。

图 4-3 《我觉得我的工作想杀了我》

不论是理论知识还是制作流程，动画的发展都为 H5 的动效奠定了基础，但“动画”一词却不能代替“动效”。动画相对而言是独立的，它有故事，有角色。

2006 年，在法国昂西国际动画电影节评选的“动画的世纪·100 部作品”中，1914

年的动画《恐龙葛蒂》（*Gertie the Dinosaur*，图 4-4）拿下第一名，这可以说是动画作品中的最高荣誉了。

图 4-4 《恐龙葛蒂》（*Gertie the Dinosaur*）

1914 年的一天，温瑟·麦凯（Winsor McCay）带着他的最新作品《恐龙葛蒂》登上了舞台，温瑟·麦凯扮演着画面之外的“驯兽师”，他对着恐龙葛蒂下达指令，葛蒂就开始在屏幕上做各种表演。一只恐龙仿佛在屏幕上活了过来，不仅能完成既定的表演，而且有着丰富的感情，会哭、会笑、会撒娇，甚至会不理睬或反抗主人的指令。

在动画的发展历程上，《米老鼠》赋予了动画片声音，《白雪公主》赋予了动画片色彩，《玩具总动员》赋予了动画片 3D 技术，但为什么《恐龙葛蒂》能拿下第一名，在动画史上有这么高的地位呢?

其实在《恐龙葛蒂》之前，动画就已经存在了数十年，但一直都作为服务其他作品的电影特效或者艺术实验存在。《恐龙葛蒂》的出现可以说是划时代的一刻，它提出了动画角色的概念，让动画也可以单独讲故事，单独具有审美价值。以前只能看到真人演员拍摄的电影，现在动画演员也能演电影，还能做到很多真人电影无法完成的事情。

观众和影评人都对《恐龙葛蒂》感到满意，在《恐龙葛蒂》的影响下，整个美国动画界看到了动画片作为一门产业的可能性，许多的电影工作室也加入了刚起步的动画工业，这直接影响了华特·迪士尼、费莱舍兄弟（代表作有《贝蒂娃娃》和《大力水手》）、华特·兰兹（代表作有《啄木鸟 Woody》）等一代美国动画师。

而在移动互联网普及的今天，动效和动画不同的地方在于动效设计是不具有独立性的。虽然也有动画直接嵌入的H5，但这只能代表H5的一部分，更多的H5动效需要配合平面设计，交互设计、前端开发等各个环节，从动态视觉、交互反馈、加载转场等方面切入，让整个项目"活过来"。如果想了解没有角色、没有故事的动画领域是如何一步步衍变出动效的，就得先说说 MG 动画了。

4.1.2 MG动画与动效

在动画发展的 100 多年里，与动效密切相关的就是 MG 动画。MG 动画全称是 Motion Graphics，又可以翻译为动态图形设计或者运动图形设计。它是遵循平面设计的原则和视听语言，用视频或动画技术创作动态影像的设计形式，如图 4-5 所示。

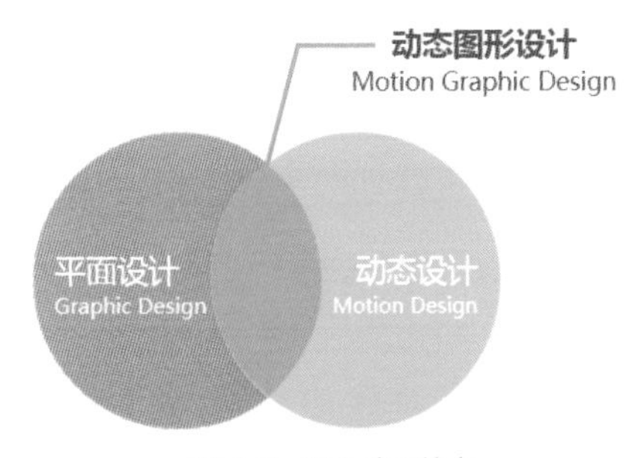

图 4-5　MG 动画特点

由于业界还没有普遍接受 Motion Graphics 的定义，所以其作为艺术形式存在的起点还是有争议的，最早提出 Motion Graphics 这个术语的是动画师约翰·惠特尼（John Whitney），他在 1960 年创立了一家名为 Motion Graphics Inc. 的公司，使用机械模拟计算机技术制作电影电视片头及广告。

为什么说 MG 动画与动效密切相关呢？关键在于 MG 动画遵循平面设计的原则，超出了最常用的逐帧动画的方法，与典型的动画区分开来。MG 动画不是动画片或动画电影，不需要具备叙事能力，一般应用于电影电视片头、节目频道包装、商业广告、MV 制作等。1958 年，约翰·惠特尼与著名设计师索尔·巴斯（Saul Bass）一起合作完成的电影《惊魂记》的片头就是 MG 动画发展史上的经典作品之一，如图 4-6 所示。

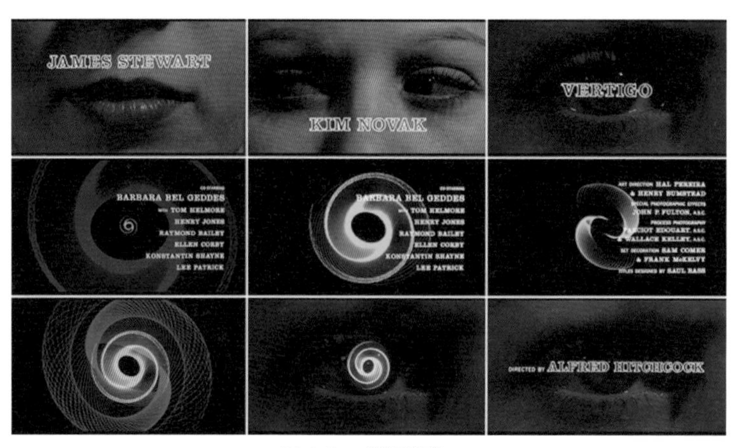

图 4-6 《惊魂记》

在计算机被广泛使用之前，这种动态图形动画的制作成本是非常昂贵的。随着计算机的普及，软件与硬件技术的不断进步，在计算机上制作 MG 动画的成本也逐渐降低，而且 MG 动画的制作水平也逐步提升，最流行的制作工具之一就是粒子系统。粒子系统是用于生成多个动画元素的运动图形技术，常常用于模拟火、爆炸、烟雾、流体、风沙等抽象视觉效果，这种类型的动画也称为程序性动画。程序性动画技术的发展也为 H5 的动效设计提供了更多的可能性。

动效设计很多情况下与 MG 动画的制作流程一样，依赖计算机技术，遵循平面设计的原则，做出一些符合动画原理的动态视觉效果。不同点在于 MG 动画是不需要前端开发的，凭借 AE、C4D 等软件的配合，动画设计师可以独立完成，而且 MG 动画基本上是以视频的形式呈现出来，不具备交互能力。

但是动效的设计不仅仅局限于动态视觉效果上，还需要具备交互的能力，在反馈、转场、加载等地方提供动效上的支持。这时，就需要动效设计师跟随着科技的脚步迈向动画与运动图形设计之后的第三阶段了。

4.1.3　交互与动效

2007 年，当乔布斯向世界展示了第一台 iPhone 的时候，设计的材料就开始转向适合触摸的“数字纸”。动画的发展也开始和交互产生交集，动效开始服务产品，为产品的提示、反馈、转场等效果提供帮助。iOS 7 之后，苹果彻底将用户界面扁平化，设计师的工作重心从视觉转向了动效，从信息的外观转向了信息的运作方式。随着 HTML5 的发布以及新媒体的崛起，动效设计也变得越来越重要。

交互设计中所需要的动效是嵌入在用户界面设计流程中的一部分，它不像动画或者 MG 动画，这里所需要的动效是有清晰目的的。如果一个动效的出现不与逻辑目标相符，那么这个动效可能是多余的，会让用户产生困惑甚至愤怒。

除了清晰的目的，交互维度下的动效往往还需要用于表达信息页之间的时间关系和因果关系，时间关系即信息之间转化呈现的先后关系，因果关系即需要将信息从哪来到哪去叙述清楚。例如从主界面打开 App 这一交互，iOS 6 里应用界面的出现是从中间放大的，这就只具有了时间关系，而 iOS 7 里应用界面的出现是从 App 所在的位置放大的，信息的因果关系被叙述得清清楚楚。

在时间关系方面，传统动画或者 MG 动画很多时候为了体现复杂的动作和精美的特效，会忽视运动时间，这一点在交互上是不允许的。在信息之间切换时，交互不应该让用户等待很长的时间。谷歌的 Material Design 原则里提到过一个例子[①]，如图 4-7 所示，当用户要点开时钟进入时钟详情页的时候，动效应该直接快速地将时钟放大展开，而不是先将旁边的书包移走再展开时钟。

① 案例摘自网站https://material.io/guidelines/motion/material-motion.html#material-motion-how-does-material-move

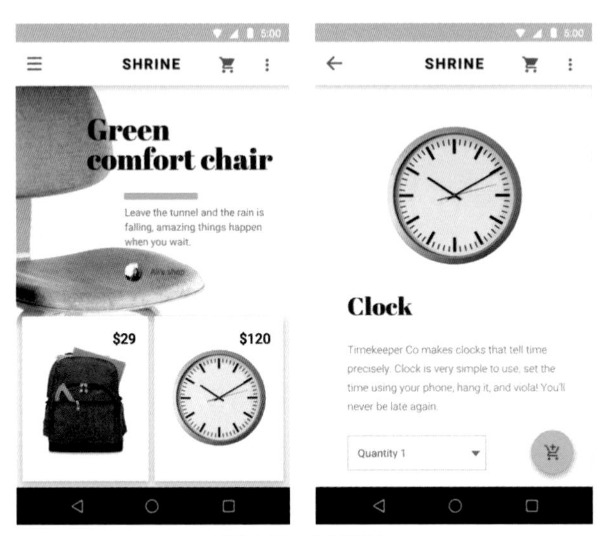

图 4-7　动效案例

在上面的例子中，移走书包这样的动效就是多余的，会增加用户的等待时间。这也是在做动效设计时，会比做动画以及 MG 动画需要更多思考的地方。在新的“数字纸”中不仅仅有了视觉和听觉，还有了触觉。触觉带来更深入的人机交互，需要动效设计师们更多地去思考动效的目的性、时间关系与因果关系。

在动画的发展历程上，计算机的广泛使用令 MG 动画迅猛发展。而当乔布斯展示第一部 iPhone 之后，移动智能产品也开始广泛使用，不论是传统企业还是广告媒体都开始移动互联网化，动效的作用也就慢慢体现出来。

总而言之，动效设计是从互联网时代到移动互联网时代，从传统媒体时代到新媒体时代的转型过程中产生的一种设计门类。它遵循平面设计、交互设计和动画的原理，更多应用于网站制作、App 设计、H5 设计等，制作上常用到的软件与 MG 动画常用软件类似，After Effects 可以说是主要的设计工具，配合三维软件如 C4D，再加上 PS、AI 就可以完成绝大部分的工作了。如果略懂一些代码方面的知识，Animate 也是做 H5 十分不错的软件。

4.2 为何 H5“无动效不欢”

人类天生就容易被运动的物体吸引，而运动对于 H5 也同样重要。随着技术的发展，静止的画面如果在手机屏幕里呈现出动态的形式，往往会达到更好的效果，而在智能设备性能突飞猛进的时代，H5 的动效也拥有了越来越多的可能性。

在 H5 里除了将静止的视觉动态化，还需要思考动效在交互流程中的功能性与目的性。好的动效对 H5 的最终效果有着直观的帮助，例如以下几点：

（1）快速：用户观看 H5 的时间短，场景复杂、有趣的动效可以在第一时间抓住用户眼球。

（2）硬件支持：随着设备硬件性能的不断提高，支持的动画效果也越来越多样化，可以根据 H5 的主题选取不同的动效表现形式。

（3）简洁度：在 H5 上人们没有耐心阅读大量文字，动效可以极大减少认知过程，清晰明了地提示用户。

不论是视觉中的动效还是交互中的动效，各类运动效果对 H5 的呈现均有着重要的影响，接下来将对 H5 动效的各个部分做一些分类和分析。

4.2.1 有趣加载治百病

在本书的 2.2 节中提到过关于 H5 加载速度的问题，当想打开一个 H5 的时候，加载等待的时间太长总是让人厌烦。互联网有一个著名的“8 秒原则”，用户等待页面加载的时间如果超过 8 秒，70% 的用户会选择放弃等待。同时，有研究表示如果谷歌提交搜索结果的时间放缓 0.4 秒，一天的搜索量就会减少 800 万次。当不能缩短加载时间时，还可以让等待更愉快，加载动画就在这里起到了不可忽视的作用。

加载动画经常会被做成循环的 GIF 动画，当一个 GIF 动画在流畅度和趣味性上都特别突出的时候，仅仅靠 GIF 动画就能吸引用户，甚至让用户在进入 H5 的时候会有种刚刚的动画还未看过瘾就没了的感觉。

如图 4-8 所示，在《里约小人大冒险》的 H5 中，手绘风格的小人不停地被两根曲线弹起，这样不仅吸引了眼球，让用户产生好奇，给用户一种期待，而且消解了用户等待的厌烦感。

图 4-8 《里约小人大冒险》加载

在《网易七夕放映厅》的H5中（图4-9），加载动画中的放映机在H5加载完成后开始推进，从放映机中穿过，展开视频。这样的加载动画和 H5 中的视频结合在了一起，让加载动画不再仅仅作为缓解用户等待焦虑感的存在，而是让用户从加载 H5 的时候就已经沉浸到 H5 的动画当中。

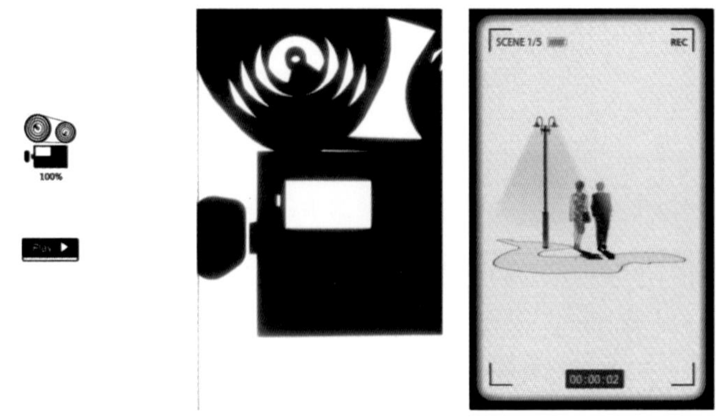

图 4-9 《网易七夕放映厅》

除了循环动画外，加载动画也可以作为第一个页面的开场，在《一个美国，两种未来》的 H5 中（图 4-10），页面随着加载时间逐渐变亮，加载完成后整个页面亮起，H5 的第一页也同时展示了出来。这样的加载动画让用户能随时跟随加载进度，获得更多的页面信息，从而减少了用户因等待时间太长而放弃的可能性。

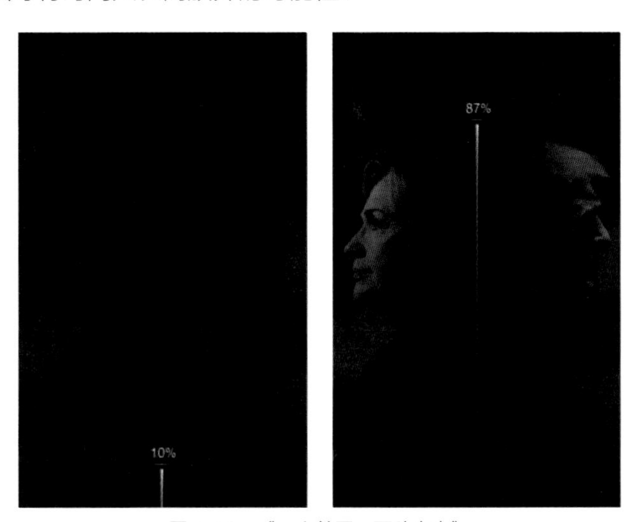

图 4-10　《一个美国，两种未来》

加载动画虽然比较短，但作为用户对 H5 的第一印象，其重要性也是不可忽视的。设计师需要在基于整个 H5 风格的情况下做出流畅有趣的动画，作为缓解用户焦虑感的重要武器。

4.2.2　丝滑柔顺的转场

H5 中不可避免会有页面的跳转，而动效设计师要做的是通过页面及其元素的出现和消失，以及缩放、位移、旋转和透明度等效果的变化，使用户的交互过程更流畅。

什么是好的转场呢？首先，转场需要具备视觉连贯性，所有的转场元素要在屏幕范围里以协调的方式运动，而且它们的运动应该是有目的、有秩序的。太过于随意的运动会让用户产生困惑。在谷歌 Material Design 设计原则里指出，每一个转场应该包含以下三类元素：

（1）新入元素：这里的新入元素不仅仅指完全新加入的元素，从已有场景中转换而来的元素也需要动效的指示。

（2）淡出元素：与新的页面无关的元素，应该以恰当的方式被移除。

（3）通用元素：转场开始到结束都没有发生变化的元素。

在《心灵复苏大保健》的 H5 中（图 4-11），用户通过上滑的手势可以带动左右两边灯管向上运动，同时门头灯开始旋转，旋转中带出新的门头灯，新的灯管也从页面的下方滑入。在这样的转场效果中淡出元素的向上移动与旋转带出了新入元素，不仅具备视觉的连贯性，而且用户的交互手势也有一定的连贯性。

图 4-11 《心灵复苏大保健》

除了视觉的连贯性之外，转场动效设计还需要注意运动的时序。在建立转场时，每个元素运动的时间和顺序都要仔细思考，确保转场动画更有层次感，将最重要的信息传递给用户。

在图 4-12 中，8 个方形元素需要在场景中作为新入元素出现，如果 8 个元素同时以缩放动画出现（如图右侧的蓝色方块），未免会显得太过单调，没有层次感。而如果对 8 个元素的动画出现时间做一点调整，让元素以从左到右、从上到下的顺序出现（如图左侧的红色方块），会让动画更有层次感，更能引导用户的注意力。

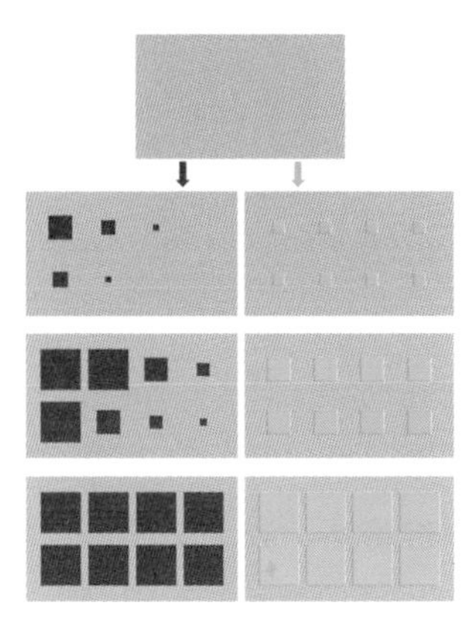

图 4-12　运动的时序

在 H5 的转场中，除了简单的展示型 H5，还有一些引导性的 H5 有着较强的故事性与逻辑性，这些转场动效需要根据不同的视觉风格以及不同的主题策划来做出相应的调整。

如图 4-13 所示，在《纪念哈利 · 波特 20 周年》的 H5 中，所有转场动效都与哈利 · 波特的故事串联起来，例如金色飞贼将整段文案打乱，这样的动效只有在该故事的背景下才能被理解。除了金色飞贼打乱文字，还有悬浮咒与变形咒，这些动效让整个 H5 仿佛也在魔法世界，让用户沉迷其中。

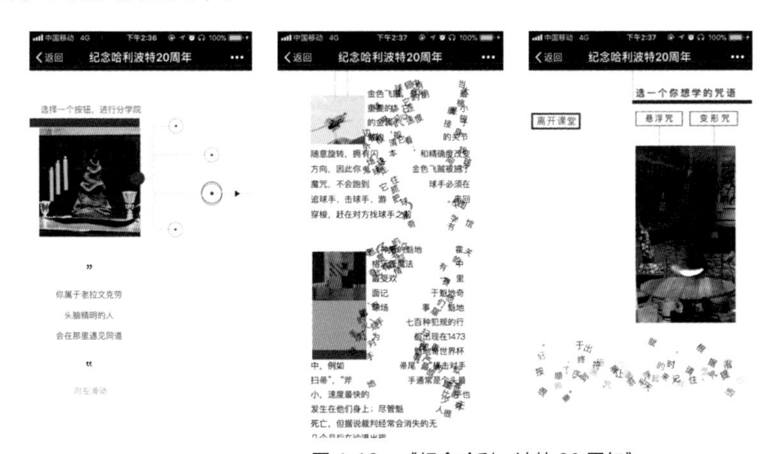

图 4-13　《纪念哈利 · 波特 20 周年》

4.2.3 一眼就看懂的引导

移动端的 H5 可用的空间十分有限，无非也就是屏幕大小，所以很多的信息是被隐藏起来了，此时引导动效的作用就体现出来了。通过动效可以对 H5 的滑动方向、转场、弹窗、页面跳转等操作进行暗示和指导，以便用户迅速发现 H5 的操作方式及更多功能。

用户不在乎要点多少下，只要每次点击都不用过脑子。提到引导用户的操作，关键信息的突出以及明确的导航始终是动效设计的一个重要问题。在突出关键信息引导用户注意力方面，动态效果从来都比静态更好，当平面设计师想通过改变元素的大小、颜色、排版等各种办法来吸引用户注意力时，动效设计师只需要让一个小元素动起来，在静止的视觉里就能完全抓住用户的眼球。但怎样的动效才是一个有明确目的性的、流畅的动效呢？

如图 4-14 所示，在这个来电的提示动效中[①]，中间电话元素开始抖动并且放大，同时蓝色圆形元素放大，并在中间出现另一个较浅的蓝色元素，当达到最大时所有元素迅速缩小，而一个带透明度的蓝色圆形元素在最下层迅速放大出现，透明度渐变至消失。

图 4-14　来电提示动效

这样的动画效果不仅简单流畅，而且细节丰富。如果动画只是简单缩放或者旋转，用户就会对操作产生困惑，这样的动效就不是合理的动效。

转场的引导提示是 H5 上比较常见的，如今用户早已习惯了移动产品上面的交互手势，普通的转场效果无非就是点击与滑动，只需要稍作提示，用户就能完全理解。如图 4-15 所示，

---

① 案例摘自网站 https://material.io/guidelines/motion/material-motion.html

在《先找自己再找爱》的 H5 中，有许多引导型的交互手势，通过简单的动效提示，用户就能轻松理解。

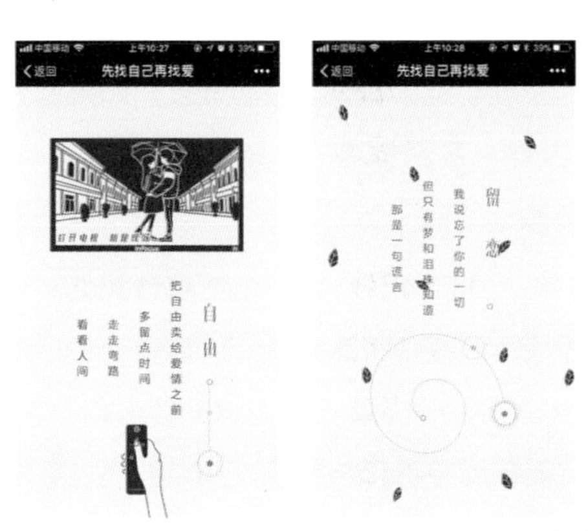

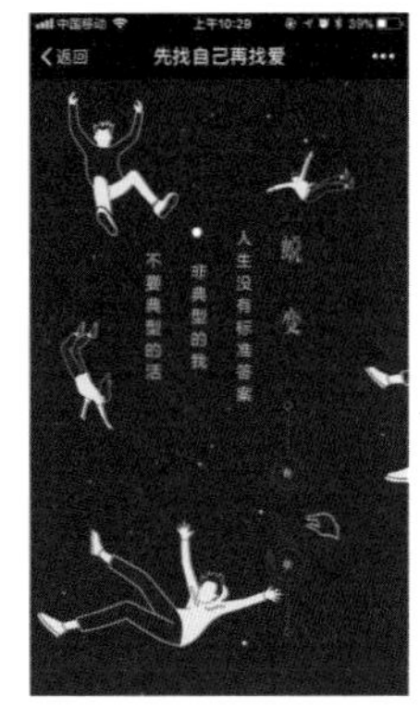

图 4-15 《先找自己再找爱》

还有一些引导动效，通过对现实世界的模拟来迎合用户的意识，让用户不需要任何提示，只依靠对现实世界的认知就能理解动效和操作 H5，这不仅增强了 H5 的代入感，也能让用户在操作 H5 时不会“出戏”，更好地进入心流状态。在《FAST 寻找 ET》（图 4-16）中，先有一段穿梭动效，用户仿佛穿梭到了宇宙之中，在没有操作的情况下镜头还会轻微转动，用户不用任何提示就知道可以通过滑动屏幕来移动视角。

图 4-16 《FAST 寻找 ET》

4.2.4 反馈动效很有必要

反馈动效可以说是比较原始的动效需求，它可以提示用户完成手势会发生什么，对用户的操作做出及时的反馈。同时，它可以让用户进一步了解 H5 当前进度。如果没有反馈动效给到用户，则可能会导致用户不停地重复操作，甚至觉得 H5 是不是卡死了，从而退出 H5。所以，及时给到用户反馈动效是很有必要的。

动效的迅速反馈不仅可以让用户充满愉悦感，也能让用户对 H5 的流畅体验增加信任感。而我们在设计反馈动效时不能太过随性，需要深思熟虑且有目的性。反馈动效不但需要具有美感，而且应该较为温和，不能让用户分心。与转场等动效相比，反馈动效可以尽量轻量化，不用做大规模的复杂运动，以提升反馈的速度，但轻量并不代表简单，可以用一些连贯的运动、形变或者模拟现实的效果，增加运动的生命感。

通过交互篇已经熟悉了心流状态，而反馈是让用户进入心流状态的一个重要环节。人们容易对游戏上瘾，就是因为游戏往往能给人最及时的反馈，每当你做完一个任务或者打败一个小怪，都能立即获得经验或者金币，让用户知道如果继续去做更多的任务，就能获得更多经验和金币。在 H5 中，反馈动效同样重要，如图 4-17 所示，《头条者联盟》是一个有着游戏性质的 H5，用户需要寻找符合事件的人物，不论正确与否，反馈动效都要及时给到用户，让用户对当前的操作有清楚的认识。

图 4-17 《头条者联盟》

4.2.5　让人惊喜的动态视觉

与前面四个部分对动效的介绍不同的是，前四个部分的动效都是与交互相关，有着不同的功能性与目的性，而现在提到的是与视觉相关的动效，不具有很强的功能性，但是足以影响静态视觉在 H5 中的呈现效果。

在我们的生活中对传统的海报早就习以为常，各个商业中心、地铁里都有着大量的广告，但是静态海报在 H5 上不具有任何优势，就算是简单的展示型 H5，如果在页面上加一些动态的元素，不仅能增添 H5 的视觉效果，也会给用户一种心理暗示，让用户不会觉得页面卡住了。同时动效设计师需要依照平面设计的原则对页面添加动效，尽量不要破坏页面的整体视觉效果。那么，我们该如何针对视觉增添动态效果呢？

1）主视觉动效

其实对平面设计增添动效与 MG 动画的设计原则类似，首先考虑的就是主视觉，在看到平面视觉的第一眼起就应该对整个设计类型做一个归类，是严肃的还是夸张的，是科技的还是诙谐的。

如图 4-18 所示，不同风格的设计需要不同的动效做支撑，《跨界盛典》的动效就不能按《开颅计划》的风格去设计。当我们看到不同的主视觉时，心中应该先建立一个动效的预期目标，知道哪些地方能动，哪些地方不能动。

图 4-18　不同风格的设计

例如在图 4-18 的《女性传媒大奖》中，对于主视觉的文字本身，我们可以不用做动效，而把动效主要集中在文字背后如液体般的圆形上，让圆形产生一种流动的感觉。这样不仅能让用户将视线集中在“女性传媒大奖”的文字附近，又不会让运动干扰了阅读。而在《跨界盛典》中，我们可以设计更多的光波和粒子效果，让主视觉看起来更加炫丽。《开颅计划》的整体设计风格就偏搞怪一些，我们可以在最简单的位移、旋转、缩放等效果的基础上，再加一点抖动，让整个视觉更加搞怪。

2）小元素的动效

除了主视觉，页面中那些不经意的小元素的运动往往能让整个页面更加鲜活，在图 4-18 的《跨界盛典》中，不仅主视觉会有粒子和光波的效果，其余的小三角模型也可以有浮动的感觉，底部也可以加上粒子飘动效果，背景由点、线连接组成的圆也可以转动起来。而在《开颅计划》中，可以让右下角人物的衣服“流动”起来……这些小元素的动效一下子就让整个页面生动起来。

3）文字的动效

文字的动效在整个平面视觉体系的动效设计里也是不能不提的，字体设计作为一项专业性很强的设计，其动效的制作也需要动效设计师对字体有充分的理解。在对文字做动效设计时，一种是不破坏字体本身的结构，按照文字笔画或者偏旁部首做动效，这类动效设计时往往需要对文字的笔画做分析与拆解，再依照设计师对字体再创造的风格做相应的动效制作。另一种是忽略字体的结构，对文字整体做动效。这类文字动效常常以粒子特效或者流体特效等效果来制作。

4）Logo 的动效

自从谷歌让 logo 动起来之后，扁平化 logo 动效也在各大公司中流行起来。当需要对 logo 做动效时，也需要和文字动效一样，先对 logo 本身做一些理解和拆分，再根据 logo 的设计风格做出符合品牌定位的动效设计。

5）插画元素的动效

除了平面设计，还有一些插画元素也可以用动效让画面动起来，如果说对于平面元素的动效设计是 MG 动画的一个延展，那么对于插画元素的动效设计可以看作是二维动画的一个延展，能运用 AE 等软件，通过逐帧动画的方式让插画动起来。

需要注意的是，对插画元素进行动效设计时，GIF动画的制作要尽量保证循环，动作要保证流畅自然，不要出现闪跳。2016 年年底，一款长图 H5《二零一六年娱乐圈画传》刷屏了朋友圈，而在《二零一七年娱乐圈画传》（图 4-19）中，加入了更多有趣的动效，在用户停住长按时就会自动播放动效。这些动效不仅让原本的插画人物更加鲜活，而且强化了设计想要表达的事件内容。

图 4-19 《二零一七年娱乐圈画传》

4.2.6 动画的魅力

动画在 H5 中的魅力非同一般。H5 具备超媒体属性，所以在 H5 中大量运用动画也是常有的事。这里提出的动画包含二维动画、三维动画、MG 动画、逐帧动画等多种形式，大多数情况下，它们会作为视频在 H5 中呈现。

视频在 H5 中有着许多优点，在视频中很多动画效果可以更好地展现，例如更方便地处理动画的曲线，加入更丰富的动画特效等。而且在对动画的节奏上，视频也能有更好的把控，也能加入更丰富的音效配合动画效果。但缺点也是显而易见的，在与用户的交互环节上视频并没有什么优势，而 H5 作为一种全新的超媒体，相比传统的视频广告，优势就在于人对于 H5 的参与感，所以就算是全部以动画视频搭建的 H5，也尽量加入一些能互动的地方，增强用户的参与感。

此外，当 H5 包含较多的故事情节，以平面的形式不太好展现的时候，动画就是一个不错的展现形式。这里提到的动画与前一节提到的对插画元素进行动效加工有所不同，后者往往是对插画元素的一个扩展，能让一个插画元素活起来，但是去掉动效不会对 H5 想要表达的意思有很大的影响，它不具有叙述故事的能力，或者说插画本身已经叙述了故事。而这里提到的动画是可以用来单独讲故事的，也是简单的插画动效不能替代的。

如图 4-20 所示，《王三三的生活用品店》在策划的初期并没有考虑以视频的形式展现，只是想以插画元素加一点动效去完成，但在沟通后发现，利用简单的插画加动效的形式，很多内容不好展现，所以最后决定改成动画视频的形式，在视频中间加入一些交互手势，不仅能简单介绍每个事件的故事，而且能在控制文件大小的情况下尽量优化动效和视频节奏。

图 4-20 《王三三的生活用品店》

各类动画在 H5 中都能有很好的展现，但需要注意视频的格式以及文件大小。H5 中的动画视频制作不同于普通的广告动画视频，如果动画视频太长导致文件太大，不仅可能会让前端在调整 H5 的流畅度上遇到困难，影响 H5 的体验，也会让用户没有耐心看完，或者让用户因为担心流量而放弃打开 H5。

一般来说，H.264 解码的 MP4 格式是比较推荐的，它不仅通用性好、网络适应性强，而且拥有更高的编码效率，能够在低码率的情况下提供高质量的视频图像。

苹果公司的 iOS 11 发布后，iPhone 手机已经支持 HEVC（H.265）格式。HEVC（H.265）是一种新的视频编码标准，与 H.264 相比，在相同的图像质量下，通过 H.265 编码的视频大小将减少 39%~44%。而且有主视觉测试的数据显示，在码率减少 51%~74% 的情况下，H.265 编码视频的质量还能与 H.264 编码视频近似甚至更好，这也就意味着 H.265 的格式可以在使用较少宽带的情况下得到更优的画质，对于移动互联网端的产品而言，可以说有非常大的优势。

相信随着更多公司对 H.265 的使用，不远的将来 H.265 编码的视频格式会成为主流，该技术的确也能为 H5 提供更为清晰流畅的视频。

H5 视频由于交互方式不够丰富，所以有一部分 H5 直接放弃了复杂的交互形式和动画效果，以降低用户的操作门槛。在网易考拉团队 2017 年年底连续推出的《入职第一天，网易爸爸教我学做人》与《入职半个月，网易爸爸让我怀疑人生》（图 4-21）的 H5 中，几乎没有交互操作，动画也比较简单，但凭借着密集的动画节奏与颇为有趣的策划，使得这两支 H5 都实现了比较好的传播。

图 4-21　《入职半个月，网易爸爸让我怀疑人生》

随着动画技术的不断提高，各类动画的制作成本也在不断降低，这对 H5 这种快速传播的媒介提供了技术上的支持。H5 一般的传播时间只有三天，大规模的人力与时间成本的消耗是十分不划算的，动效设计师可以依据不同动画形式提供的技术上的支持，完成相应的动画制作。

当然，除了计算机动画的技术支持，传统的手绘逐帧动画也能为 H5 提供丰富的动画效果。很多效果用计算机动画技术无法完成的时候，逐帧动画可以弥补其不足。而在用纯手绘的二维动画制作 H5 时，计算机动画技术也能为二维动画提供更丰富的效果与更便捷的操作。

综上所述，动效的目的可以分为三大块：交互、视觉与动画（图 4-22）。在交互中运用的动效主要用于设计加载、转场、引导、反馈等效果，需要注意的是动效的目的性、时间关系、因果关系。这里的动效应该做到一种“隐形”的状态，作为用户，不应该注意到自己正在看一个动效。优秀的交互动效往往会被无视，而糟糕的动效才会迫使用户去注意界面而非内容本身。

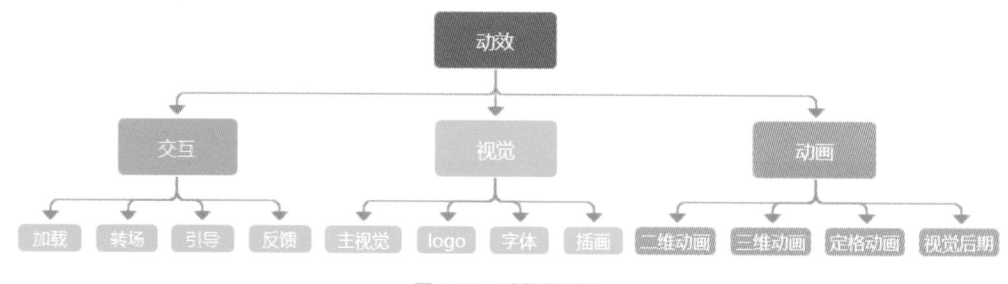

图 4-22　动效的目的

视觉中的动效主要运用于主视觉、logo、字体、插画效果等，其动效制作类似于 MG 动画，依照整体的设计风格完成相应的动画效果即可。需要注意的是这里的动效不会像 MG 动画一样完全以视频的形式呈现，视觉中运用的动效常常以 GIF、序列帧、雪碧图、编程等方式实现，而在编程实现动效时，常常需要给到前端一些动效参数（图 4-23），帮助他们完成最终效果。

·X 战警 H5 动效参数

首页：动画曲线 easeinout

1. X 教授。时间 0-0.8s；Y 轴：168-0px 透明度：0-100%

2. 

万磁王。时间：0.2-1s；Y 轴：160-0px 透明度：0-100%

3. 

大表姐。时间 0.9s-1.4s X 轴：110-0px Y 轴 38-0px 透明度 0-100%

4. 

时间：0-1.4s X 轴：116-0px Y 轴 240-0px 透明度 0-100

5. 

右手：时间：0-3s 旋转-7°（中心点在左上角）3-6s 转转回 0° 然后循环动

6. 

蓝人：1.5-2s X 轴 176-0px 透明度 0-100

7. 

快银：1.5-2s X 轴-140-0px 透明度 0-100

7. 

金发：1.8-2.3s X 轴 134-0px 透明度 0-100

图 4-23　动效参数

最后，H5 中的动画往往会以视频的形式呈现，包括二维动画、三维动画、定格动画甚至是视频后期的制作。视频的形式会带给动效更丰富的效果，但同时也要注意视频长度与文件大小。

4.3 H5 必备的运动法则

一个 H5 的创作是很多元化的，设计师要根据最初的创意和想法，在短时间内，用各种形式去展示想要体现的内容。在众多的视觉稿中，动效如何发光发热呢？这时动效设计师们就应该熟练掌握 H5 的运动法则，通过巧妙调动大家的情绪，达到想要的结果。

4.3.1 基本运动规律

运动规律能让 H5 动效中各种类型的表现对象合理、舒适、自然地动起来，是让元素活起来的关键。一个动作的细节可以很大程度地提升 H5 的故事体验，并且传达出不同的人物情绪或是场景涵义，最终达到我们想要的结果。

运动规律所涉及的基本范围大致包括人物运动规律、动物运动规律、自然现象运动规律等。平时多注意观察生活中的每个细节，在实际设计制作中，研究表现对象如何进行运动，包括它们的运动轨迹、动作表达、动作节奏及所需时间的意义。如果是人物和动物的运动规律，还要把情绪变化考虑进来。最后从构图上分析上一格画面与下一格画面之间、整体与局部之间所产生的联动效果。以下介绍几条基本的运动规律。

1）受力规律

当我们对一个元素在界面中如何运动有一个初步的想法后，就需要从元素所受到的力来分析，从而让这个元素的运动轨迹更自然、真实。如图 4-24 所示，我们拿小球举例。

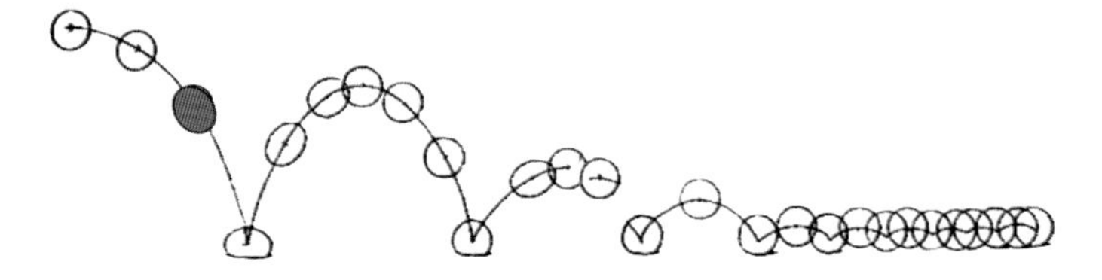

图 4-24　小球的运动规律

当小球从左向右被抛出时，小球会受到重力和推力的影响向斜下坠落，当小球接触到地面时，会因为力的施加让小球变扁，从视觉上会给人一种蓄力的感觉，让用户很直观地理解小球下一步的变化。当小球再次弹起时，第二次的力会有衰减，所以弹起的最高点要低于第一次的高度，再次落地时也会被压扁，但也小于第一次被压扁的程度。

一般看起来流畅并且加深用户记忆的运动需要反复 3 次，3 次过后小球也不要一下停止，考虑到惯性的存在，小球需要再滚动一段距离，最后受到摩擦力的影响缓缓停下来。当用逐帧动画去表现动作时，相同的距离，小球运动越慢，需要画的张数越多，时间越长。

2）曲线的运动规律

力与力之间的关系理解后，我们就开始下一步的进阶，理解曲线的运动规律。曲线运动一般用来表现一些比较柔软的物体，例如衣服、旗帜、草、海藻、尾巴等（图 4-25）。

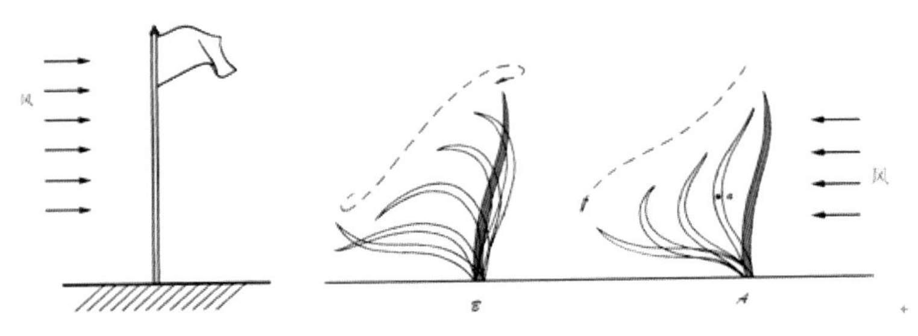

图 4-25　曲线的运动规律

起初由一个点开始受力，然后力沿着该点慢慢扩散开来，分布在物体的其他部分，由于力是从一个点向外扩散的，所以物体表面每一个点的受力时间都有先后差别。随着力的逐渐传递，每个点依次产生形变和位移，在运动过程中呈现一种波浪状的运动。动效表现上可以根据需求，把波浪画成均匀有规律的、高低起伏无规律的或是快慢交替进行的，准确突出设计想表达的情绪。

3）波形曲线运动

波形曲线运动一般用于表现音乐声波的变化和极简风格地形背景的变化。在手机有限的界面空间中，可以运用封闭形式绘制波形曲线运动，这样既出效果又简单。

如图 4-26 所示，绘制封闭形式波形曲线时，首先需要画出一条静态的曲线作为动效的第一张图（图 4-27 左图），记住它的出入点。然后再画出一条与第一张图相对的曲线作为动效的最后一张图（图 4-27 右图）。

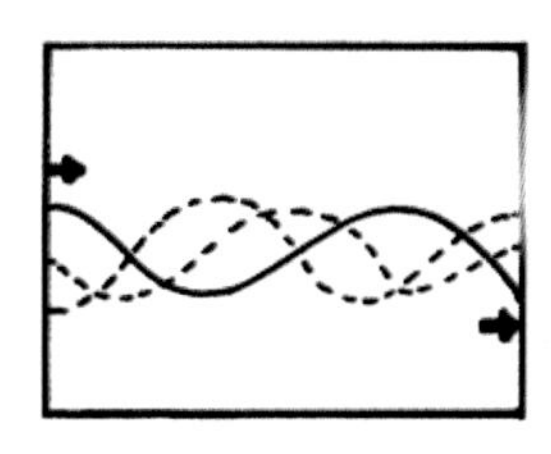

图 4-26　封闭形式波形曲线

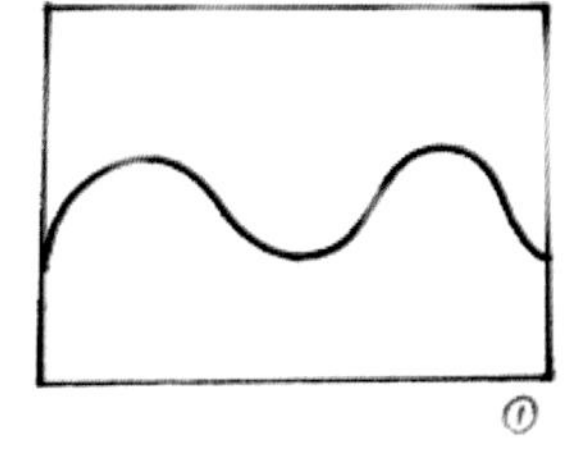

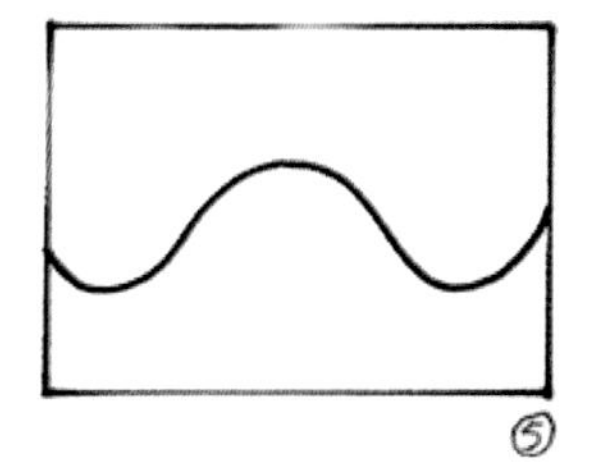

图 4-27　封闭形式波形曲线绘制过程

最后根据动效的快慢和流畅程度在曲线间增加中间张，H5 大面积使用的背景中建议 5 张以内即可。如果元素尺寸较小可相应增加张数，以提高画面流畅度或是增加新想法。注意：最终输出的序列帧不要超过 1M，也可以根据现有的开发水平和现实网络速度进行测试，从而调整出一个较好的效果。

4）跟随曲线运动

跟随曲线运动是 H5 中小元素运用最为广泛的一种动效。像人在转身时敞开的衣服向后摆动，小狗耳朵在走路时的上下扇动或是逗猫时拿着逗猫棒挥动时上面的羽毛变化等，都可以用跟随运动表现出来。

跟随运动的物体不能按照依附的物体本身动作一模一样地去运动。它相对来说是比较独立的。所以如果不按照跟随物体的动作一张张去画，则很难预测之后几个动作的具体位置。跟随物体的位置主要取决于三个方面：一是角色的动作；二是跟随物体本身的重量和柔韧程度；三是空气给它带来的相应阻力。

设想一只狗有下垂的耳朵，当狗静止时，耳朵垂直地悬挂着。当狗加速离去，耳朵倾向于停留在原来的位置，但它被拖着向前。只要狗的速度不慢下来，耳朵就一直拖在后面。如果狗的头部上下运动，耳朵就呈波浪形动作。如果狗的速度慢下来到停止，则耳朵先继续向前摆，然后才向后摆，最后停止动作。如果将耳朵和狗的动作画成一致的，则是错误的。

同样，一件敞开的风衣由于角色转身的动作而使它产生自己独立的动作。当转身改变方向和改变动作速度时，风衣应以它自己的速度和方向继续运动。这一点对于动作的流畅是很重要的。由于风衣面积很大，空气的阻力也是一个重要的因素，尤其是如果风衣分量较轻的话。一块薄的面纱的动作差不多完全受空气阻力的控制，拖在角色的后面，角色静止不动后，它才慢慢飘动到停止。

掌握了基本运动规律，平时多注意观察就可以制作出流畅而又合理的动效。下面我们再聊聊在完成一个 H5 动效的同时怎样能增加效率和吸引力。

4.3.2 贝塞尔曲线那点事儿

在做动效设计的时候，动作调整完可能还是特别僵硬，人物动作一卡一卡的，场景转换也不是很流畅，往往做出来的效果和自己心里的样子差很多。但一个流畅的动效往往要花费大量时间去完成，在时间不允许的情况下，如何高效完成高品质的动效呢？这时候就要用到贝塞尔曲线，以优化动作，提升整体的节奏感。

贝塞尔曲线是依据几个位置任意的点坐标绘制出的一条光滑曲线。物体在这条绘制好的曲线上运动时，我们可以通过调整点的位置实现缓动、加速、回弹等一系列有视觉冲击力的动态效果，也就是有趣的“皮筋效应”。

贝塞尔曲线在动效上的应用一般分为两种，分别是二阶贝塞尔曲线和三阶贝塞尔曲线。

二阶贝塞尔曲线（图4-28）拥有3个控制点，P_0为线段起点，P_1为调节点，P_2为终点，t值从0到1表示变化的整体过程。通过调整P_1可以得到一个理想的弧线。

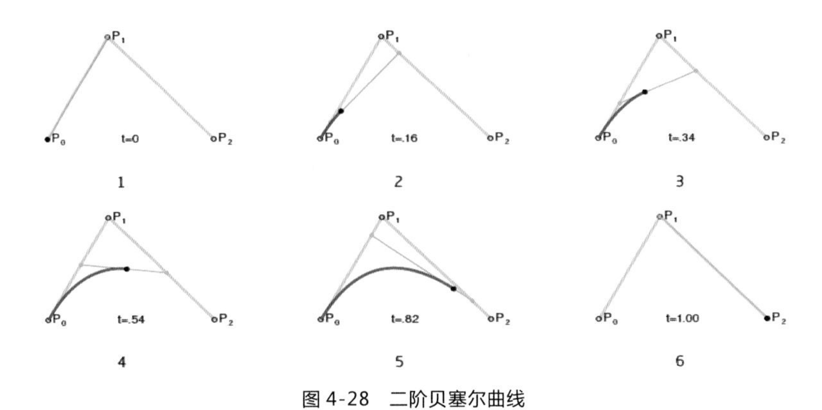

图4-28　二阶贝塞尔曲线

二阶贝塞尔曲线可以控制比较单一的弧线运动，下面来看一个例子。在《十八个吴磊给我选》（图4-29）这个项目中，文字和相框的变化就是运用二阶贝塞尔曲线完成的。文字和相框旋转不一样是通过调整P_1来实现的一种视差效果。

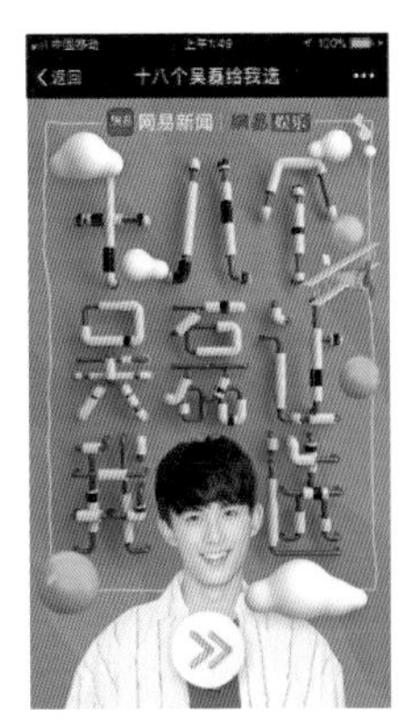

图4-29　《十八个吴磊给我选》

三阶贝塞尔曲线（图 4-30）拥有 4 个控制点，P_0 为线段起点，P_1、P_2 为调节点，P_3 为终点，t 值从 0 到 1 表示变化的整体过程。通过调整 P_1、P_2 可以实现缓动、加速、回弹、先快后慢等多个运动效果。

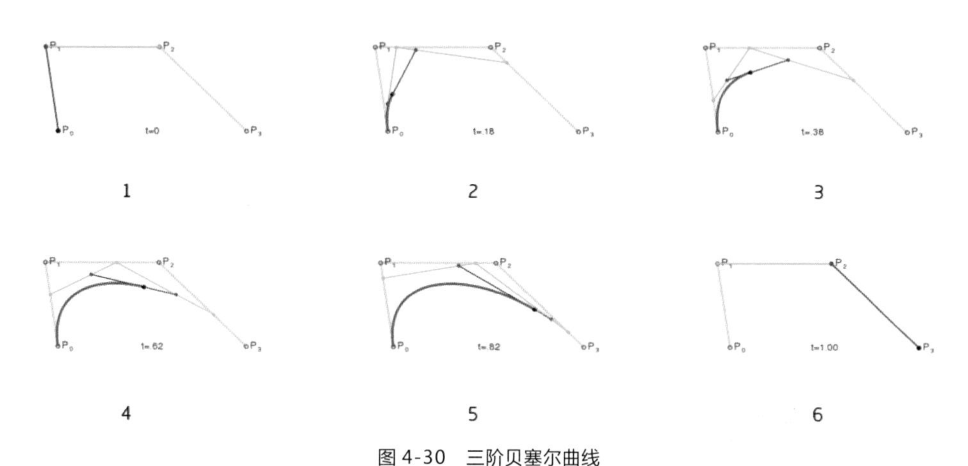

图 4-30　三阶贝塞尔曲线

三阶贝塞尔曲线在动效方面的应用最为广泛，下面举例详细说明。在《72 小时当代修行计划》（图 4-31）这个项目中，滑板少女的滑行是通过三段位移完成的，确定三段位移后，我们需要增加一些蓄力动作来让人物的整个滑行过程生动起来。

图 4-31　《72 小时当代修行计划》

第一段位移如图 4-32 所示，灰色线段从 P_0 到 P_3 是一个匀速运动，通过移动 P_1 和 P_2 的调节点得到黑色的线段，这样滑板少女的运动就会变成在起始位置（P_0）向后滑动缓冲，然后再向前冲刺，最后回弹停在终点位置（P_3）的一个动画。

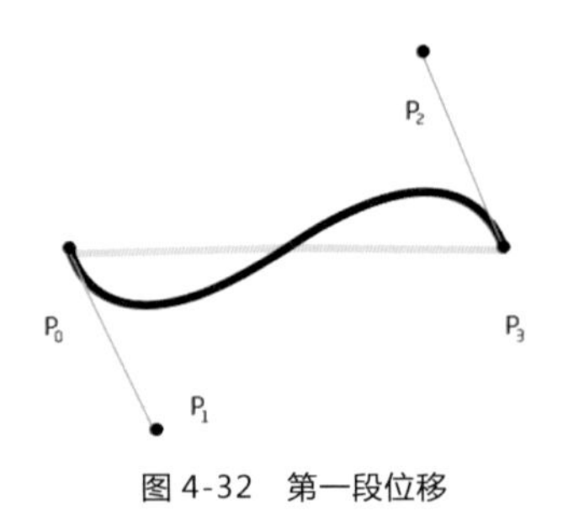

图 4-32　第一段位移

如图 4-33 所示，在《心灵复苏大保健》这个 H5 项目中，多处动效都使用了贝塞尔曲线。

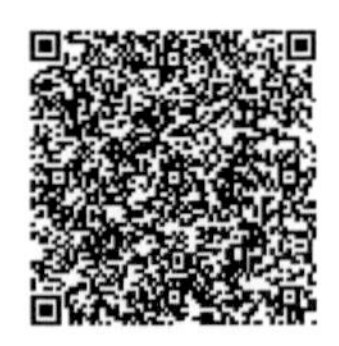

图 4-33　《心灵复苏大保健》

大饼供销社中每张饼的飘动都是由慢到快再到慢的一个效果，这样当下一个饼出现时，前一个饼已经飘到半空，不影响每个信息的获取，从视觉上看也更自然舒服。标题的旋转也同样做了一个回弹蓄力的缓动动画，让这个动作变得更有力量感。霓虹灯外框也是一样使用了缓动动画。大家一起找找，看能找到几个使用了贝塞尔曲线的动画。

曲线运动在动效中运用非常广泛，但是制作后需提供的参数也非常复杂。贝塞尔曲线可以简单实现多种效果，方便动效设计师和开发人员高效沟通，快速制作复杂的动画效果。通过控制这样小小的几个点，可以模拟出阻力感、润滑感、磁铁吸附感、排斥感、橡皮弹性、重力、力度打击、萌动、粗暴、温柔、流动、敏捷等多种效果。多动手尝试，就能轻松掌握技巧，调出自己想要的效果。

4.3.3 不可忽视的反馈与夸张

在 H5 中，元素本身是根据交互行为做出相应反应的。某个按钮或是图形可以因触控、滑动和点击等操作而上升，通过反馈来诠释这个元素的激活状态。用户也可以通过触控或点击来生成新的元素或是把现有的元素拖动到某个地方。这一切有趣的变化都源于你的操作得到了及时反馈。

触控点为原点的反馈，用户点击元素时，动效应该基于元素附近产生反馈，如果点击后产生出其他元素，也应该与点击元素联系到一起。《寻找梦想的旅程》（图 4-34）是一个很好的案例，H5 中以“你”这个文字为主角，通过一系列的手势操作得到细腻的动效反馈。

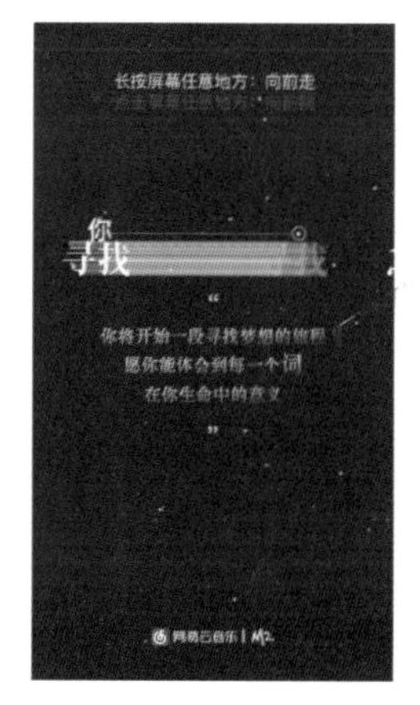

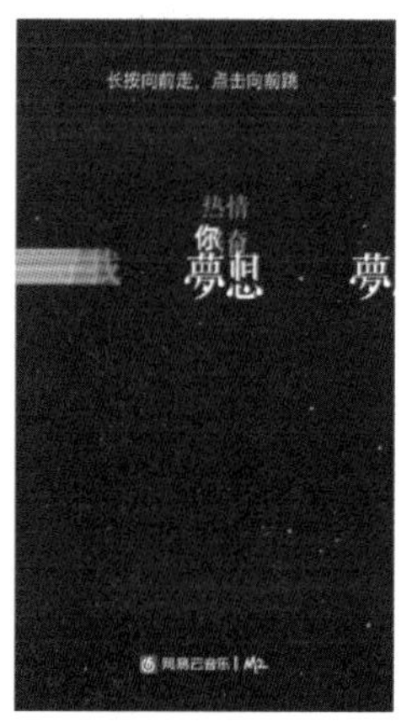

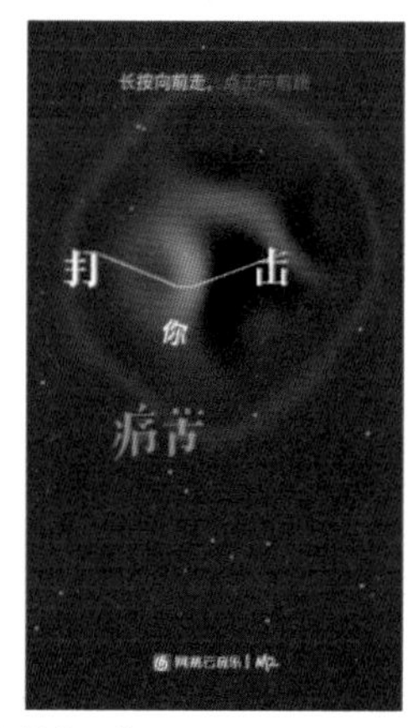

图 4-34 《寻找梦想的旅程》

H5 动效中，夸张的表现手法也是很重要的，它能生动、有趣地描述一件事情，或是展现一个物品。就像把完成工作上的多个项目联想成闯关游戏，一个主线任务触发了一连串的分支剧情，完成一个项目就相当于完成一个任务，与各部门沟通和交流的过程相当于在地图上了解剧情的发展路线，这样就会发现工作一下子变得有趣了。

其实优秀的 H5 也一样，不是平平淡淡拿一堆文字给用户看，也不是给用户展示几个画面或照片就完事了，而是给用户讲故事或演电影，让平淡无奇的事情变得有趣，让不可能发生的事发生。

我想去太空，可以！ H5 能带你穿梭到银河系中；我想成为漫画人物拥有超乎于常人能力，可以！ H5 能给你一场带感的超能力大对决；我们生活中看不到但又想知道的，都能通过 H5 夸张的表现手法展现出来，得到意想不到的效果。

《你的工作焦虑已上线》（图 4-35）就运用夸张的动画效果展现出王三三的工作内心世界，让用户感受到无限的创意 ，也和用户产生了很好的共鸣。我们举其中一个“洗脑”的例子：王三三的脑壳被打开，老板边说话边帮他擦拭脑子，这个画面在现实中当然是不可能出现的，但画面运用夸张的表现手法，让我们瞬间联想到“洗脑”一词，非常贴切。

图 4-35 《你的工作焦虑已上线》

《请回答 2017》（图 4-36）是一个视频加交互的 H5，通过选择 2017 年几个事件来生成一段属于你的视频，视频中应用了众多的夸张表现手法，让画面更生动有趣。例如我们选了“吸猫”后，画面出现一个人用纸卷起的吸管把每一只猫咪吸到鼻子里，瞬间戳到用户笑点，让用户秒懂画面想传达的意思。而在“吃鸡”的画面中，一个人在跳跃中出现多个重影，一方面表现了跳跃速度快，另一方面烘托出游戏玩家激动的心情。在“中年危机”的画面中，一个中年人蹲在地上被口中的字母和元素砸到崩溃……这些动效都能充分传达文案想表达的意思，让用户看完不是在费解刚刚看了什么，而是做出相应的感慨和共鸣。

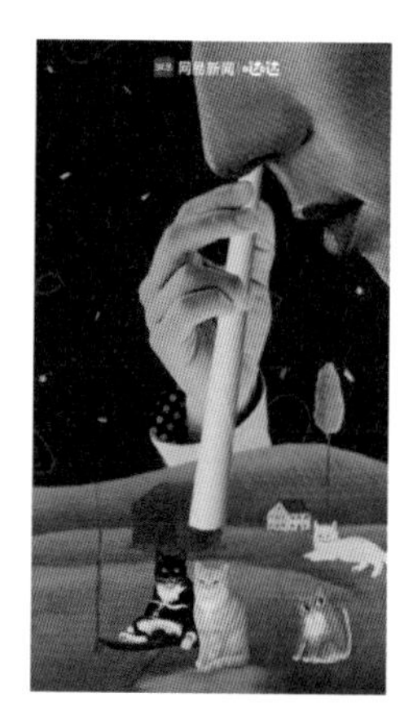

图 4-36　《请回答 2017》

《戏精的诞生》（图 4-37）则主要是吐槽朋友圈中的五种戏精类型的人。

图 4-37　《戏精的诞生》

从视觉稿中确定这是一个复古元素拼接风格的 H5。在这种元素多又要用视频实现的情况下，需要在主要内容上进行夸张的动效处理。例如，画面中多处主要人物和文字内容的循环动画运用了信号干扰的效果，在动作方面既节省了张数又比较出彩，如图 4-38 所示。

图 4-38 信号干扰的效果

第一个人物出现时，长按进入第一段视频。第一段视频是衔接封面人物的，人物在画面中慢慢向后做缩小移动，背景色淡出，这时候需要一个引爆点，也就是说让所有元素或是整个画面都有一个动势来让用户感觉到自己进入了人物的另一个世界。

紧接着需要根据配音和文案内容进行相应的动效制作。例如当配音说到“尽力表演”时，人物进行反复的反转动作，从视觉上会感觉人物在努力表现自己，这样我们就达到目的了。

播放完后通过点击进入第二个人物，这里的过场让文字和背景进行一个较大的变化，给用户一种“快闪”的感觉，增加视觉冲击力。当人物的视频开始时，背景调成 LED 灯效果，突出人物，伴随着画面缩小背景再变得清晰起来。根据音乐节奏，加入一些噪波，让画面更丰富。其中可以根据配音在一些小元素上做文章，例如说最后一句话时，坚硬的石膏像把花撞倒，体现出人物对“不男不女”的讨厌。

而在“虚荣精”的视频中，人物冲入画面后一只拖鞋扔过来把画面打碎，“家里度过假日”这段，可以用好多个相同的“葛优瘫”来突出表现人物的无聊状态。画面最好是根据破碎的位置去扩散，使动效从衔接上会看起来更舒服些。第三个镜头中人物运用了运动模糊并像橡胶人一样有弹性，让人物更加鲜活，有种很来劲的状态。在激动的时候所有的动作都应当快一些，例如最后人物举心求赞的动作。

在“P 图怪”的视频中，同样是长按后人物从画面中位移转场。进入画面后一定要注意元素的前后关系，不要出现空间错位，这样会让人看起来很别扭，甚至想表达的夸张效果制作出来后，没有想象中那样理想自然。同样在有配音的情况下，画面一定要配合着配音出现相应有趣的内容。这里第一句话“拉一拉眯眯眼立马会变大”中，画面根据喷雾的位移依次让 4 个女孩的眼睛变得非常大。第二句话做了一个有趣的动效，“抹一抹满脸痘瞬间变光滑”后有一个特效音，伴随着特效音制作了一个卡屏的动效，表现出修图修得太过分，手机都死机了。紧接着内存不足的弹窗铺满屏幕，再次强调画面含义。

在“共享女神”的视频中，开场是两张照片飞入和石膏像的手指进入，重点指着配音描述的内容，引导用户注意力。接下来两条腿分别进入，这里需要做大的位移动效来让腿的进入更加明显突出。入场后，不要让腿停下来，应当让其随着音乐节奏跳起来，周围的小元素也要围绕腿进行运动。

描绘一个动效时并不太需要关心角色在做什么，而是要关心他们如何做。观众习惯于在熟悉的环境中看到真实人类的性格，但在动画中这只能当作一个出发点。人物角色不用完全按照真人那样行动，可以在感觉上更超现实一些，这是因为动画中人类的反应和行动必须夸张，有时甚至用简化和变形以造成相应的效果。

4.3.4 情绪的重要性

情绪就像是 H5 的灵魂。交互形式相同或是视觉风格相似的 H5，最终表达的情绪内容不一样，其动效的表现手法也不一样。好的动效可以用一个动作调动人们内心的情绪，让体验者快速感知 H5 想要传达的内容和想要抒发的情感。

一般来说，表现抑郁、沮丧、悲哀等情绪需要慢一些的动作，而表现兴高采烈、开心、胜利等情绪，动作要快一些。整个画面根据所表达的气氛不同，各元素相应的位移和节奏都要进行相应的情绪化处理。

《网易七夕放映厅》(图4-39)的内容从摄像机镜头中放映出来，像是开始播放一场电影。作品用一镜到底的表现手法串起5部电影，每部电影在穿梭过程中可以看到下一部的相关元素。注意：主要人物要清晰地展示在画面中央，以加深体验者的回忆。

图4-39　《网易七夕放映厅》

《先找自己再找爱》(图4-40)则是视频结合动效手势操作的H5，整个策划是想通过一段串联起来的经历让用户找到真正的自己，从而抒发感情，达到共鸣。在制作过程中，先确定这个H5的情绪是慢节奏、偏点悲伤的感觉，同时要从每个画面去理解当下的情绪。例如小女孩迷失在森林中，不停地奔跑着，最后找到了自己的男朋友，可在她抱住他的那一瞬间他却变成树叶，微风吹过将树叶带走，在树叶飘动过程中镜头跟随移动，移到空白区后落叶定格，文字出现。这段动效充分体现出一种失落的情绪。

图 4-40　《先找自己再找爱》

《爱的形状》（图 4-41）这个项目是在情人节发布的，该 H5 运用各种形状比喻现实中形形色色的人，其中一个方形在不断寻找追求自己喜欢的那个形状，不断地失败，不断地改变，又不断地再失败，到崩溃、疯狂，最终在最失落的时候遇到了自己的真爱，理解了爱的真谛。

图 4-41　《爱的形状》

整个 H5 是用一个小故事讲述了爱是什么。在动效方面，设计师用了很多心思在每个环节调动用户的情绪，具体分析如下。

首先，封面用手写的方式制作出了英文的动画，提升了整体的文艺气息，增加唯美感。在滑动过程中方形滚动着向前，表示出一种比较轻松愉快的心情，在与它喜欢的方形示好失败后，方形决定改变自己的形状，这里在切割手势的提示下进行操作，操作时方形的边角被切掉，同时溅射出小颗粒血液，突出表现方形角色改变自己的决心，也让用户深刻体验到牺牲自己、改变自己所付出的代价。

方形变成钻石后的移动是跳跃的，加入了一些晃动，移动过程中撞飞了许多文字，最后掉落时为钻石设计了一种磕磕碰碰的感觉，直到落到地面还增加了摔倒的环节，加深钻石的激动情绪。

在变成三角形后，上楼梯的部分运用了一些视错觉来营造空间感，伴随灯光的闪动，让三角形有一种在黑暗中不断前进摸索的感觉。最终它变成心形示好再次失败，当方形走过时增加了把心形压入地面的效果，让用户感受到心形的失落和绝望。

接着，从土里跳出来的一瞬间心形燃烧起来，表现愤怒的情绪，在向前冲的过程中不断燃烧文字、扭曲画面，进一步增加这种愤怒的状态。

最后它遇到用水的效果制作的心形角色，体现出这个心形的纯洁质朴，也让用户看到两颗代表火和水的对比明显的心，感受到后面的故事要发生一个转折。之后两颗心结合，水与火的交融产生了水蒸气，两颗心重合变成了一颗红色的心，升华了这个故事。

接着画面开始缩小，让用户可以清晰地看到刚刚图形走过的路的轨迹组成了 I love you 的图案，再次升华 H5 想表达的内容。文字也是手写出来的效果，并且加入了飘动的粒子点，增加了浪漫的气息。

有生命的运动是动画效果中传达情绪的最好方式，一个 H5 的每个环节都可以用合理的动效去调动用户的情绪，让用户身临其境，跟随着画面中的故事一步一步走下去，感受到 H5 想传达的意蕴。

4.3.5 空间感

H5 中具有空间感的设计非常多，像表现太空主题的页面、穿行在森林里的页面等。带有空间感的页面往往能给我们很强烈的视觉冲击，从动效来说，透过小小的手机界面观看一整个屏幕的穿梭动画，体验也会大幅度优化。下面来仔细聊聊空间感能让 H5 的动效增添一些什么神奇效果。

在现实世界，你看不到你的耳朵，但是你可以抓住它。同样的，你看不到后背，但是可以挠它。你可以记住不久前把钥匙丢到哪里，你可以不用看键盘盲打，你可以通过记忆和感觉来回想起手机装到了哪只口袋里，黑夜中你还能记得去厕所的路怎么走……是不是很神奇？这都是因为在我们的大脑中存在着多维的思考模型，它能够帮助我们理解周围复杂的世界。我们还可以利用这种具有空间感的思考模型，帮助自己处理抽象的信息。

所以在 H5 动效中合理地应用这种空间思维，能够让用户更加自然地去思考和寻找相关信息和内容，让用户可以更好地体验 H5，增加代入感。枯燥的信息页面传递的本应该是计算机的数据，不是用户想要看到的。动效能够强化用户原有的思维模式，增强界面的空间感与时间感，让用户充分感知各元素的位置。就像一座结构精巧的建筑一样，它往往易于穿梭、易于浏览。空间的变化要有序而融洽，不能让人感到突兀。

当用设计来营造空间感的时候，我们要感受各步操作和界面整体层级之间的关系。而简简单单地将界面摆在一起，往往达不到想要的效果，如果将设计思考停留在单一的维度，就没有办法更深维度地思考界面的空间关系。

《滑向童年》（图 4-42）这个 H5 是以五部动画让用户回忆自己的童年。整体风格虽然是以漫画形式展示，但是在动效方面运用了许多空间感的表现手法来增加画面的冲击力，提升了视觉效果。

图 4-42 《滑向童年》

首先五段动画是分段加载的，点击进入第一段动画后，几个圆环从下至上通过滑动在空间中旋转组成篮球的形状，在下落的过程中，篮球不断根据画面中人物的位置以传球的方式位移，完美地展示了前后空间感。用户在浏览过程中非常有代入感，如同观看了一场激烈的球赛，最后画面以一个灌篮动作收尾，达到了一个小高潮。

第二段动画中，封条和报纸前后摆放，滑动时利用大的封条挡住小的封条，给人一种近景慢远景快的感觉，显得很真实。

第三段动画前面的表现手法与第二段相似，开门后画面运动方式发生改变，镜头向里穿梭，减少了单一滑动手势的疲劳感。角色从口中穿过，三次重复后画面变化为时光隧道，漫画中主要角色冲向屏幕，感觉像是从另一个时空中穿越过来迎接我们，让人备感亲切，再次刺激用户的回忆。

第四段动画由手里剑开始，随着滑动手势不断触发手里剑飞过，与此同时画面开始缩小，整个空间呈现向后移动的趋势，人物也增加了一些位移，使得角色更加鲜活，注意力伴随人物移动而关注这个部分。后面几个角色均以这种方式进行制作，最后镜头从主角的眼睛穿过，展示他在漫画中的特点，通过滑动可以看到密密麻麻的他出现在画面中。

第五段动画入场是一只黑色的小猫，通过周围的星星拉出了画面的空间感，带出文案内容，紧接着画面横向移动，把用户带入一座美丽的城市当中，通过楼与楼的前后关系和近景楼房的移动切换，清晰地描述了几段动画中的场景，增强用户回忆。

《逃不掉的四字魔咒》（图 4-43）项目中，使用了许多以元素前后关系进行相应空间转换的效果。例如，画面刚开始从老人的眼睛进入，用倒叙的手法营造了小时候的回忆。之后来到人物拥抱的画面，通过平移错视的方式，表现出几个人物的位置和关系，之后用一个树干的近景，作为滑动时画面转场的遮挡物。而后人物被足球踢到向镜头前移动，随后用逐帧动画的手法绘制出螺旋空间，形成下一个画面的转场衔接。最后画面再从眼睛里出来，人物慢慢变老回忆完毕。整个 H5 有头有尾，运用平移实现场景切换，完整性很好。

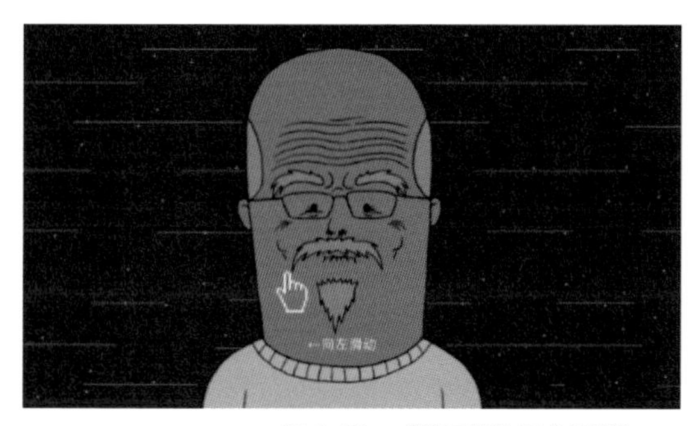

图 4-43　《逃不掉的四字魔咒》

4.3.6　节奏

在 H5 中，节奏一般比其他类型的 MG 动画要快一些，人物动效的节奏也要比生活中真实的节奏更夸张一些。

这里重点说的不是整个 H5 项目的节奏，而是每个单独动效的节奏。动效的节奏需要考虑整个 H5 项目的开发难度、时间、序列帧文件的大小等多个因素，同时在制作过程中涉及故事发展的快慢、蒙太奇等各种手法的运用以及动作的不同处理。

在日常生活中，一切物体的运动（包括人物的动作）都是充满节奏感的。动效的节奏如果处理不当，就像讲话时该快的地方没有快，该慢的地方反而快了；该停顿的地方没有停，不该停的地方反而停了一样，使人感到别扭。因此，处理好动作的节奏对于加强动效的表现力是很重要的。

影响节奏感的主要因素是速度的变化，即“快速”“慢速”以及“停顿”的交替使用，不同的速度变化会产生不同的节奏感，例如：

- 从静止到慢速再到快速，或从快速到慢速再到停止，这种渐快或渐慢的速度变化造成动效的节奏感比较柔和。

- 从快速到突然停止，或从快速到突然停止再到快速，这种突然性的速度变化会造成动效的节奏感比较强烈。

- 从慢速到快速再到突然停止，这种由慢渐快而又骤停的速度变化可以造成一种“突然性”的节奏感。

由于动效的速度是由时间、距离及帧数三种因素构成的，而这三种因素中，距离（即动作幅度）是最关键的，因此，关键动作的幅度往往构成动效节奏的基础。如果关键动作的幅度安排不好，即使通过时间和帧数对动效的节奏进行调节，其结果也不理想，往往造成比较大的修改。

但我们也不能忽视时间和帧数的作用。在关键动作的幅度处理得比较好的情况下，如果时间和帧数安排不当，动作的节奏不但出不来，甚至会使人感到非常别扭。不过这种修改比较容易，只要增加中间画面的帧数就可以了。

动效的节奏是为体现剧情和塑造人物服务的，因此，我们在处理动作节奏时，不能脱离每个镜头的故事情节和人物在特定情景下的特定动效要求，也不能脱离具体角色的身份和性格，同时还要考虑到策划想要实现的风格。

《各凭态度乘风浪》（图 4-44）在加载完成后中间会出现一个播放按钮，引导用户去点击，在点击后用户本以为要播放视频，动效却展示出 404 和灯塔，灯光在缓慢搜索着，配合文案表达了相应的内容。

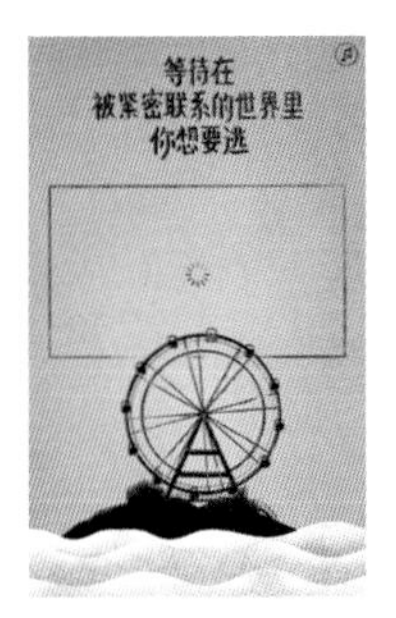

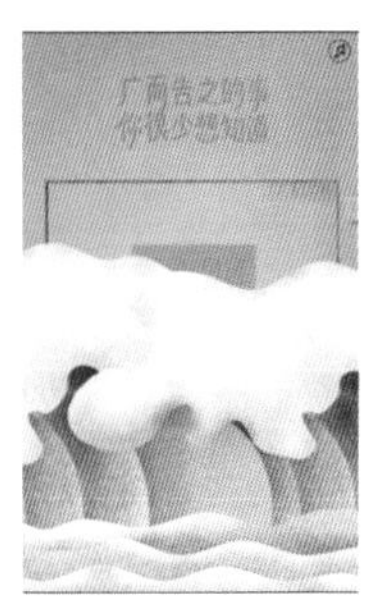

图 4-44　《各凭态度乘风浪》

之后出现浪花的过场动效，该动效分为两层，依次由慢速入场，向上快速涌到屏幕高处再慢速向下出镜，再次出现播放按钮。点击按钮后出现加载进度圈和摩天轮，摩天轮缓缓旋转着，同样配合相应的文案；浪花再次出现进入第三个播放按钮，点击后是一个广告倒计时和相应文案；浪花再次卷起，三次表示被束缚状态的动效激发起用户比较激动情绪。

之后，点击再次出现的播放按钮则开始正片播放。视频是以真实拍摄配合剪辑完成的，片中通过节奏的控制充分表达了主角的情绪波动，从出生后社会对人们的各种束缚，到最后人们冲破束缚，展示各自态度，良好的节奏控制调动了用户的情绪，产生共鸣。视频结束后播放框被打破，再次升华主旨，提高分享欲望。

另一个案例《游戏热爱者年度盛典亮点前瞻》（图 4-45）中，前半部分是用视频的形式制作完成的。H5 是宣传 2016 年游戏热爱者年度盛典，视频巧妙地用实习生口述的方式讲述了她下班前十分钟接到了这个项目，迅速反应直到最后拿到供应商完稿这段时间的心路历程。

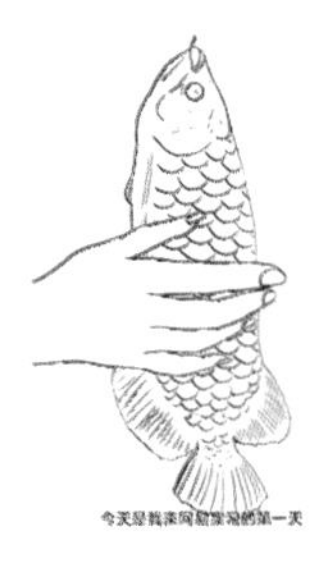

图 4-45　《游戏热爱者年度盛典亮点前瞻》

其中，充满了她面对挑战时候的内心独白。而在最终完成项目松口气“登上人生巅峰”之际，案例才回到正题，通过最后拿到的五官动态海报来带出盛典的亮点前瞻。但不得不说，整个互动最吸睛的是前半部分的实习生口述。快速的节奏、有趣的内容很容易带动用户跟着视频的进度走下去。每个分镜在这种快节奏的情况下，也可以相应减少动效复杂程度，只要调整好入场和出场动画，整个视频就可以很流畅了。

4.4 H5 与电影

H5 其实和电影很像，都是结合了视听语言，但是电影时常约为 120 分钟，H5 只有短短几分钟，从这种角度上来说 H5 更加浓缩，更加需要感官上的刺激，要以短时间抓住用户的眼球。下面就从制作上聊聊两者的区别。

首先是动画分镜的制作，电影的动画分镜是导演依据剧本完成的镜头感设计，在最初的创意阶段，导演把脑中的构思尽可能地还原。比较详细的电影分镜还包括电影色彩、场景氛围、角色动作等，越详细的电影分镜越可以让其他制作人员了解电影的制作流程。H5 的创意阶段也相当关键，网易几个爆款 H5 的创意都是设计团队在"小黑屋"连续头脑风暴得出的。创意初期也进行了大量的分镜脚本草图设计。

其次是镜头语言，众所周知电影最初阶段是剧本的创作，有些电影是直接根据现有的小说改编。如何把文字转化为镜头上的视听语言是一大难题。将小说的文字和最后呈现出来的影视画面对比是很有意思的。

例如大家熟悉的《哈利·波特》系列，其中第一部小说在描述哈利·波特在第一次进入霍格沃茨城堡的宴会厅时是这样的："他们跟随麦格教授沿石铺地板走去，哈利听见右边门里传来几百人嗡嗡的说话声，学校其他班级的同学想必已经到了——但麦格教授却把一年级新生带到了大厅另一头的一间很小的空屋里，大家一拥而入，摩肩擦背地挤在一起，紧张地仔细凝望着周围的一切。"

到了电影里，这一段的对应画面比文字描述宏大得多：学生们进入大厅后，整个天花板都幻化成星空，宴会厅灯火通明，给观众更加惊艳的感觉。而 H5 一开始的创意阶段，很多时候也是由策划先写出一个大概的脚本，这时候就需要设计师在拿到脚本后脑子里要有画面感，因为最后呈现的都是视听语言，设计师要把烦琐的文字转化成简明清晰的画面。

结构上，电影一般分为三个阶段：

（1）建置，也就是交代一下电影的年代背景、人物关系和剧情起因。

（2）对抗，在第一幕尾声的某个转折点后迎来电影中间的一幕，这一幕会用大量的篇幅描绘电影的主要剧情，也少不了电影中最重要的冲突和对抗。

（3）在对抗的高潮之后便是最后一幕结局，结局的处理办法因片而异，但有意思的是不同国家电影的结尾似乎都有迹可循。例如好莱坞电影多以美满结局收尾，韩国电影的结局以悲剧居多，日本电影的结局总是反转再反转，印度电影的结局一定会跳舞……在商业剧本模式下每个部分的篇幅和时长都有所限定，按照以上流程制作出来的电影结构性不会太差。

反观 H5 的制作，我们也把整个制作流程分为三个阶段：

（1）开头吸引。就像前文所说，H5 的观看时间比电影少得多，而且用户的观看场景复杂多样，并不会像看一部电影那样舒舒服服地坐在电影院里待两个小时。所以这就要求 H5 要有一个极具吸引力的开头，不管用户是怎样进入了这支 H5，要让他在看到第一个画面的时候就有兴趣继续看下去。动效在开头发挥的作用是比较重要的，例如做一个可以让人看了轻松一笑的动画加载，或者设计一个酷炫的动态封面，在第一时间抓住用户的眼球。

我们做的绝大多数 H5 的开头，都会设置一个动态封面。动态封面的主要作用就是在一开始让用户对 H5 的内容有所预期，进而产生继续观看下去的兴趣。在容量比较大、加载时间较长的 H5 前面，还会制作跟主题相关的比较有趣的加载动效，缓解用户的等待焦虑。这些手段都是基于 H5 观看“短平快”的属性，在第一时间吸引用户的注意。

（2）情绪推进。在用户看完 H5 的开头后，需要对他们做一个简单的引导，让他们大概了解这个 H5 是如何玩的。第二阶段也是 H5 最主要的内容，需要注意的是整个观看过程要流畅无跳脱感，这就需要在各场景切换时，有比较流畅的转场动效。

例如在爆款 H5《里约小人大冒险》中，用户一开始画出自己的小人，然后小人展开了一段有意思的冒险。通过一个个小情节，引导用户进行互动操作推进剧情发展。在这个阶段要让用户沉浸其中，一步步按照制作者“埋好”的点完成。

（3）情感转化。在把想表达的都传达给用户后，结尾需要做一个情感上的转化，因为 H5 的最终目的还是引起转发，以达到更多的浏览量。不管 H5 的表现手法如何，最后都要激发用户转发到朋友圈的动机，或者让他感觉这个东西做得很新奇或足够好玩，可以引发更多人乐一乐，又或者这支 H5 触动了用户的情怀，让他回忆起原来的某种情绪，从而引起转发。

上述三个阶段需要用动效很好地串联起来，从创意初期就用全局思维考虑动效的加入，这样才可以做出更加引人入胜的 H5。

这三个阶段也有点像我们原来写作文时的“凤头、猪肚、豹尾”，按规划分步骤完成我们想表达的东西，并且让用户有所触动完成转发。但是也不要拘泥于固定的形式，有时候打破常规也是创作的有效手段。

4.5 案例解析

4.5.1 《里约小人大冒险》

2016 年 8 月，里约奥约会正在如火如荼地举行，突然一个名为《里约小人大冒险》的 H5 霸占了朋友圈，24 小时以内，这个 H5 的 PV（网页浏览量）就突破了 1000 万。

先说下这支 H5 的玩法。用户进入后是一个空白的画布，可以在上面任意画一个小人（或者任何奇怪的东西）。随后用户画的小人就展开了一段奇特的冒险，先是失足掉到了桑巴美女的身上来回跳跃，用户通过画一些道具把小人“拯救”出来，然后小人背上降落伞飘落在美女手机的微信朋友圈里，在里约奥运会相关的朋友圈内容里跳跃奔跑，一会儿调侃里约奥委会，一会儿给中国队员点赞，还很惊险地被从相册里蹦出来的美洲豹狂追……最后经过用户的帮助，小人平安抵达终点。动效实现上，主要用了 CSS3 和 JAVASCRIPT，制作过程中也遇到了一些难点，下面会重现制作过程。

1）小人动画如何做

整个 H5 的可玩性很强，小人的动作蠢萌有趣，让人忍俊不禁。但小人的动效制作确实让设计师和开发人员花了很多心思。这个 H5 最大的创意亮点就在于用户自己画的小人动了起来，但这也是技术实现上最大的难点，因为不知道用户会画成什么样子，所以在小人动作的编排上有很多不可控因素。最后设计师和开发人员开了两次调研会，确定采用画布边角定位的方式来实现小人的动画。

如图 4-46 所示，用户是在空白画布上画下自己的小人，一般所画的小人都会像图中这样四肢健全。经过设计师的实验，可以通过改变画布四个角的位置来模拟小人走路的动作，虽然不是特别精确，但对于这种手画的小人已经可以模拟到八九不离十了。

图 4-46 小人的画布操控

在明确了采用画布边角定位的方法后，剩下的就是细化小人的动作了，包括跑、跳、惊讶、挣扎等，都是设计师和开发人员坐在一起，一点一点打磨出来的。有一处细节是小人有个往下跳的动作，为了保证动画符合物理规律，开发人员还解了数学方程。除了小人，测试的时候我们还会画一些很奇怪的东西，反而更加有种奇妙的逗趣感……

2）考虑转场动效

设计还要考虑整个 H5 的景别关系和转场效果。《里约小人大冒险》这支 H5 也是在一开始创意阶段的时候，就明确了整个动画的转场效果，要一层一层慢慢展现给观众。

例如一开始画面定在近景，小人先掉到一个特别有弹性的沟里，然后小人向用户发出求救，这个时候镜头再拉开到中景，可以看到小人是掉在了一个桑巴美女的身上。最后再接一个美女拿着手机的镜头，为小人掉落到微信朋友圈做铺垫，通过这样的转场方式让用户的观看过程更加顺畅。

3）细化动画脚本

在 H5 的创意确定后，策划和设计师就开始着手写动画脚本了。由于这支 H5 的场景和动效较多，所以动效文档也要做到尽可能细化。先是由策划人员把整个流程梳理清楚，然后设计师细化动效参数，最后提供给开发人员一目了然的文档，解决了很多沟通不清楚的问题。下面是一段动画脚本原稿供大家参考。

场景一

【动效 1】场景动效完结后，从左向右逐字出现，时长 1 秒，不消失。

【动效 2】用户触碰画布区后，下方按钮上浮出现（从下向上位移半个按钮长度，同时透明度从 0 变到 100%，时长 0.5 秒，然后持续出现，直到用户点击后淡出），下同。

【动效 3】点击完成后，小人左右扭动（1 秒），向下走两步，位移半个身子（1.5 秒）。

【动效 4】随着动效 3 小人向下走，a、b、c 同时发生，d、e 最后依次发生。

a. 右上树上鸟向右侧拉扯消失（鸟先倾斜 10 度，随后退出界面，时长 0.5 秒左右）。

b. 下部树叶和基督山像普通地向两侧撤出，时长 0.5 秒。

c. Rio 2016 字样缩放消失（时长 0.5 秒）。

d. 画完后白布透明度消失。

e. V 形线条从左向右擦除出现，先擦出左半部分，停顿 0.2 秒，再画出右半部分。

【动效 5】小人上下跳动 2 次，与文案 1 同步，线条随着小人下落上弹变化弧度。

f. 跳动动作设置，循环 2 次，总时长 0.8 秒：小人原位置→小人身体向上位移 1/3 身长→位移到原位置，同时身体压缩变短一些→变回原身长→身体压缩变短一些→变回原身长（如果不好对位置，就只让小人位移）。

g. 线条变化对应，循环 2 次，时长 0.8 秒：（小人跳起）弧度变大→（小人落下）弧度变平→（小人站好）弧度恢复。

4）豹子追逐动画制作

当小人来到朋友圈后，有一段情节是相册里的豹子会跳出来追逐小人，这里是朋友圈交互的一个重头戏。但是制作过程中遇到一个难题，因为这里用 CSS3 实现豹子的动作会不够真实，而用 GIF 或者序列帧都无法保证小人走到这里时才动。

经过调研，设计师尝试用了一款二维骨骼动画制作软件 SPINE。这款软件的优点在于可以制作很细腻的角色绑定动画，而且可以输出体量很小的 JS 文件，极大减少了开发的时间成本，也减小了整个 H5 的体量。

4.5.2 《2016请回答》

2016 年年底，网易上线了一支 H5《2016 请回答》，获得了用户及业内的一致好评。这是由网易哒哒项目组发起的 2016 年年终策划，创意上以 9 个“关键词”和 9 个交互动画来总结全年。9 个关键词分别是胖、初心、一个人、匆匆、释怀、嗨、梦见、咸鱼、扯，每种动画和交互动效都让人产生小惊喜，如图 4-47 所示。

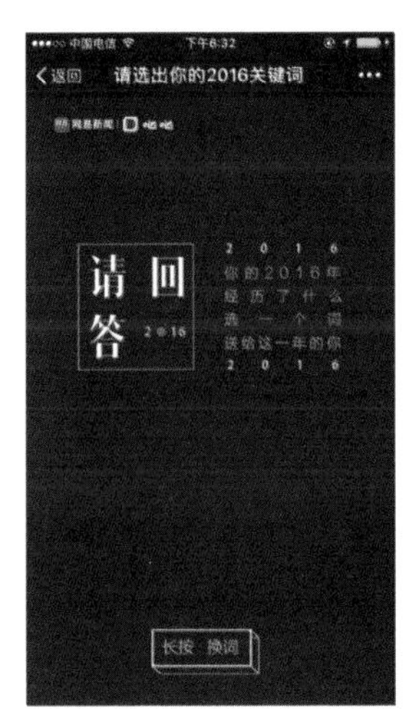

图 4-47　《2016 请回答》

动效制作方面，整个 H5 做成了一镜到底的长镜头，进入封面后有一个写着“长按换词”的按钮，当用户长按时，屏幕中间会快速切换关键词，用户松手后就进入到停下的关键词界面，每个关键词都有独立的画面和动画对应，用户可以通过独特的方式进行互动。

例如，关键词“一个人”的画面是黑色背景上一排黑白钢琴键，有个小动效提示用户点击琴键，当用户点击后惊喜出现了：屏幕上随着节奏出现白色的绚烂烟花，意为无论何时何地，都可以奏响自己的乐章，如图 4-48 所示。

图 4-48　关键词“一个人”

关键词“初心”是这个 H5 的一个制作难点。“初心”的效果是进入界面后有许多漂浮的透明气球，用户可以点击拖动气球，被拖动的气球会发起亮光，并且弹开周围的气球。为了制作出细腻的动画效果，设计师和开发人员调研了一周多的时间，最终的实现方式是把气球三维建模，然后把模型导入到 JS 脚本库中。最后的实现效果也是最惊艳的，如图 4-49 所示。

图 4-49　关键词“初心”

关键词“匆匆”想表现的是现代社会人们的生活节奏特别快，好像每个人都在忙忙碌碌，但是总会忽略一些安静的美好。用户进来后，能感觉到有辆列车在高速行驶，画面是车窗外的风景快速向后倒退的画面，耳边还有列车轰隆的声音。当用户根据提示长按画面后，突然切换到一个美丽的星空，一切都慢了下来，耳边也想起了优美的旋律，仿佛一下子感觉到了宁静，这正是这个关键词想表达的（图 4-50）。

图 4-50 关键词“匆匆”

其他关键词也通过动效表现出自身的含义：

“释怀”是滑动屏幕的时候，画面会随着滑动的手势破碎，随即自动复原，是想表现出不管经历任何伤痛，我们都会自我疗伤，继续前行。

“胖”是在屏幕上方有一个吃豆人，点击屏幕的任意位置就会出现各种各样的甜食，吃豆人也会朝着甜食冲过去，因为我们总是在每年给自己立一个目标，却又总是抵御不住美食的诱惑，就像这个吃豆人一样，一旦开吃，根本停不下来……

“梦见”的画面很是漂亮，在星空中一个穿着红色宇航服的宇航员漂浮着，他身上绑着很多半透明的星球，时不时还有流星划过，当用户点击屏幕的时候，整个屏幕都会闪过一片流星雨。

“咸鱼”就是两个立体的咸鱼文字，点击文字后，三维文字会翻转一下，同时冒出煎鱼时嗞嗞的声音，周星驰曾说“人没有梦想那跟咸鱼有什么区别”，所以即便是条咸鱼也要努力翻身。

这些关键词也是我们自身在年终的一些感悟，只不过是把它们视觉化、交互化了，没想到 H5 推出后引发了不小的反响，很多人在上面都找到了共鸣。我们也在网上看到有用户看完后的发帖，其中有人把每个关键词都罗列出来，然后一个个描述自己对这个关键词的感受，这也是最让我们欣慰的。

4.5.3 《滑向童年》

2017 年儿童节这天，各大品牌都在不遗余力地跟上热点。网易这时推出了一款 H5《滑向童年》（图 4-51），狠狠戳中了一群成年人的痛点，3 小时内页面浏览量突破了 150 万。

图 4-51 《滑向童年》

这支 H5 是网易哒哒团队专为六一儿童节制作的。创意初期，设计团队经过多次头脑风暴，决定六一儿童节要搞点不一样的，专为 80 后成年人制作一款情怀作品。设计选用了五部耳熟能详的动漫作品，分别是《灌篮高手》《名侦探柯南》《哆啦 A 梦》《火影忍者》和《美少女战士》。设计团队一开始也为了选用哪几个作品犹豫好久，最后由于时间有限只能忍痛割爱。作品采用黑白漫画风格和一镜到底的表现手法，如图 4-52 所示。

图 4-52 黑白漫画风格和一镜到底的表现手法

创意初期，设计团队也是设想了很多形式，如何更好地把童年看过的经典动漫还原出来是一大难点。最终还是决定用最贴近漫画的形式展现。然后开始构思各个动漫的场景，我们希望整个浏览过程是连贯的，所以需要一镜到底。

考虑到场景要营造空间感和视差效果，我们决定打造一个三维空间，通过摄像机的移动来控制画面播放，用户所看到的画面也就是摄像机所投射出来的画面。这个决定让本来就紧张的工期更加捉襟见肘，简直变成了不可能完成的任务。因为相当于要搭建五个三维场景，还要在三维软件里完成摄像机动画。开发的时间也特别紧张，因为之前从来没有做过这样的效果，只能立刻开始调研。还好开发人员足够专业，配合设计团队一起慢慢调试，最终把三维场景完美呈现到程序中。

动效实现上，因为场景都是在三维空间搭建，要考虑各元素之间如何布局。整个 H5 的浏览方式是用户向上滑动屏幕浏览，所以需要绑定摄像机动画和用户的滑动距离，让画面会跟随手势滑动，如图 4-53 所示。

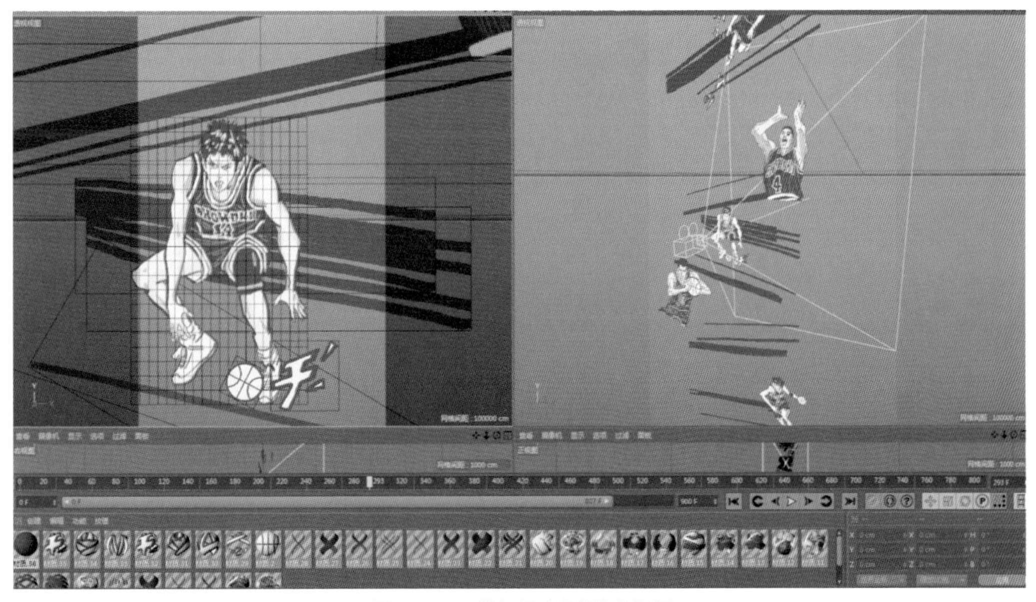

图 4-53　三维场景中的摄像机视图

加载完成后，首页提示上下滑动屏幕，当用户向上滑动屏幕后，会出现几个黑色圆环，这些圆环随着画面角度的变化，会慢慢变成一个篮球的形状。画面继续移动，这个篮球开始在灌篮高手的主人公手里传递，最后篮球被扣入篮筐，然后慢慢放大出现结束页面。结束页面展示了漫画名称和经典台词。继续滑动，则能依次进入其他几部动漫作品的世界。

刚进入《名侦探柯南》时，会看到很多拉起的警戒线，如图 4-54 所示，营造有案件发生的紧张感。随后出现了印有柯南的报纸和照片。这个场景中我们通过空间纵深不同，营造了很多视差效果，报纸和照片在滑动时还有一些细节动效。

图 4-54　《名侦探柯南》的页面

《哆啦 A 梦》是我们都特别喜欢的一部动漫作品，它口袋里的宝贝有千千万万种，浓缩在 H5 中应该如何表现呢？我们想到了任意门和时光穿梭机。于是就有了这样的画面：先是哆啦 A 梦打开了任意门欢迎用户的到来，继续滑动屏幕，会跟着时光穿梭机穿行在时光的长廊里，穿梭的镜头也增加了画面的动感，仿佛已经在跟哆啦 A 梦一起开启一段冒险，如图 4-55 所示。

图 4-55　《哆啦 A 梦》的页面

作为热血漫画代表作之一的《火影忍者》，当然少不了热血的画面。一开始是卡卡西老师带着鸣人、小樱、佐助三人小队，随着手势滑动，会有视差效果的手里剑穿梭在画面中。随后画面上移，依次出现我爱罗、鼬、日向等角色，每个人都有动效表现出其独特的绝招。画面继续穿梭，镜头从鸣人的眼中穿过，继续上滑出现了数以百计的鸣人，这里当然少不了鸣人的得意技能——影分身，如图 4-56 所示。

图 4-56　《火影忍者》的页面

4.5.4　《纪念哈利·波特20周年》

这个 H5 是网易在 2017 年 6 月，为了纪念哈利·波特的魔法世界诞生 20 周年所做，创意上受到了游戏 Device 6 的启发，整个交互形式是用户通过滑动屏幕浏览（图 4-57）。

图 4-57　《纪念哈利·波特 20 周年》

在构想创意初期，策划团队开了好几次头脑风暴会，一开始的构想比较复杂，打算做成小游戏的形式。例如用户操作穿着魔法斗篷的主角穿梭在霍格沃茨魔法学校中，用不同的手势施放出各种魔法来击倒敌人；还有把不同的魔法种类做成拼图的形式，用户集好拼图才能施放魔法等等。最后考虑到要赶在哈利·波特 20 周年纪念之前完成，而且要尽量减少用户的操作成本，决定采用滑动浏览加轻互动的形式。

整体视觉上用了比较简洁的风格，像在读一篇《哈利·波特》里的魔法报纸，当用户滑动屏幕的时候，会有很多文字左右浮动。

一个转场动效后画面进入霍格沃茨学院，用户会看到很多自己熟悉的场景。先是分院帽出现，用户选择一个想加入的学院，继续滑动屏幕，通过在电影里出现过的“肖像走廊”，画中的人物都动了起来。接着又加入到了紧张刺激的魁地奇比赛中，不安分的金色飞贼冲出画面，把画面中的文字都冲散了。

然后来到了魔法课堂。这里有悬浮咒和变形咒两个选择，会提示用户画出一个咒语，当用户画出正确的咒语会出现神奇的魔法效果。例如画悬浮咒成功后，下方的文字真的会漂浮起来，就算画错了也会出现有趣的动效。

点击“离开课堂”后去往最后一站“图书馆”，屏幕上出现一本展开的魔法书，书上依次出现哈利·波特重要的导师、朋友，他们分别对哈利说了一句重要的话，用户通过点击“下一个”切换人物。最后一页是斯内普教授，随着他释放了一个遗忘咒，H5 也进入到了结束页，如图 4-58 所示。

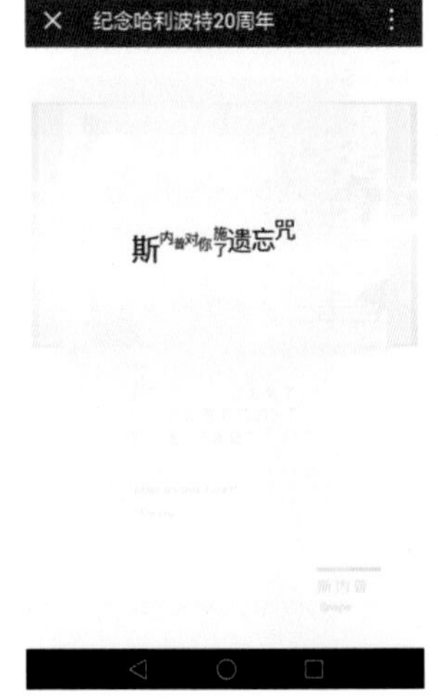

图 4-58　遗忘咒的页面

动效制作上，主要采用了帧动画的表现形式，由设计师做好动效后输出序列帧提供给开发人员，包括开场的城堡淡入效果、魁地奇比赛中金色飞贼的动效，还有魔法课堂文字漂浮以及变形咒的特效，都是通过一组组序列帧实现的。这也是 H5 中比较常见的动效实现方式。

参考资料及延伸阅读

[1] 百晓生 . 三张图告诉你 H5 的发展史 [EB/OL].http://blog.sina.com.cn/s/blog_6719c3040102wvvv.html.

[2] 科技风向标 . 三张图让你看懂 H5 作品 [EB/OL].http://www.sohu.com/a/75134603_390420.

[3] 唐纳德・A・诺曼 . 设计心理学 3：情感化设计 [M]. 何笑梅，欧秋杏 , 译 . 北京：中信出版社，2015.

[4] 米哈里・契克森米哈赖 . 生命的心流 [M]. 陈秀娟 , 译 . 北京：中信出版社 ,2009.

[5] 杨铮 . 心流，令人沉迷的终极体验 [EB/OL].https://zhuanlan.zhihu.com/p/20656953.

[6] WIKIPEDIA.FLOW(psychology)[EB/OL].https://en.wikipedia.org/wiki/Flow_(psychology).

[7] 宗羲 . 心流与情感设计 [EB/OL].http://www.visionunion.com/article.jsp?code=200810060015.

[8] 阿卡沙 . 让人废寝忘食欲罢不能的游戏有哪些共性和特点 [EB/OL].https://www.zhihu.com/question/21582058.

[9] 尼尔・埃亚尔 , 瑞安・胡佛 . 上瘾：让用户养成使用习惯的四大产品逻辑 [M]. 钟莉婷，杨晓红，译 . 北京：中信出版社，2017.

[10] Heonmyung. 游戏化（Gamification）产品之二：Octalysis ／八角行为分析简介 [EB/OL].http://www.woshipm.com/pd/243288.html.

[11] 程望舒 .H5 推广大盘点：你该知道的 H5 玩法和设计技巧 [EB/OL].http://www.woshipm.com/pd/600972.html.

[12] GOOGLE. Material Design[EB/OL]. https://material.io/guidelines/material-design/introduction.html.

[13] 理查德・威廉姆斯 . 原动画基础教程 : 动画人的生存手册 [M]. 邓晓娥，译 . 北京：中国青年出版社，2011.

[14] WIKIPEDIA. Motion graphics-Wikipedia[EB/OL]. https://en.wikipedia.org/wiki/Motion_graphics.

[15] 马小褂 . 咱动画的祖师爷，用一只恐龙就开创了动画行业 [EB/OL]. https://zhuanlan.zhihu.com/p/29708926.

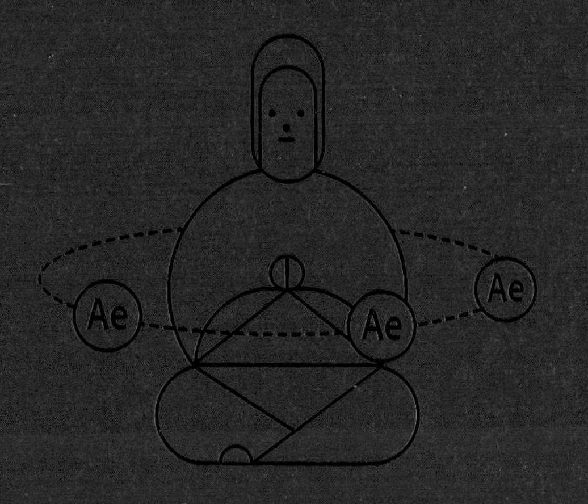

第 2 章　H5 交互流程剖析

本章重点探讨 H5 的交互流程，结合生动案例，对交互流程的三大阶段即项目沟通、策划评估和产出分别进行讲解，并对各阶段内的具体场景、环节进行详细阐释。

H5 的交互流程分为 3 个阶段：项目沟通、策划评估和产出，如图 2-1 所示。

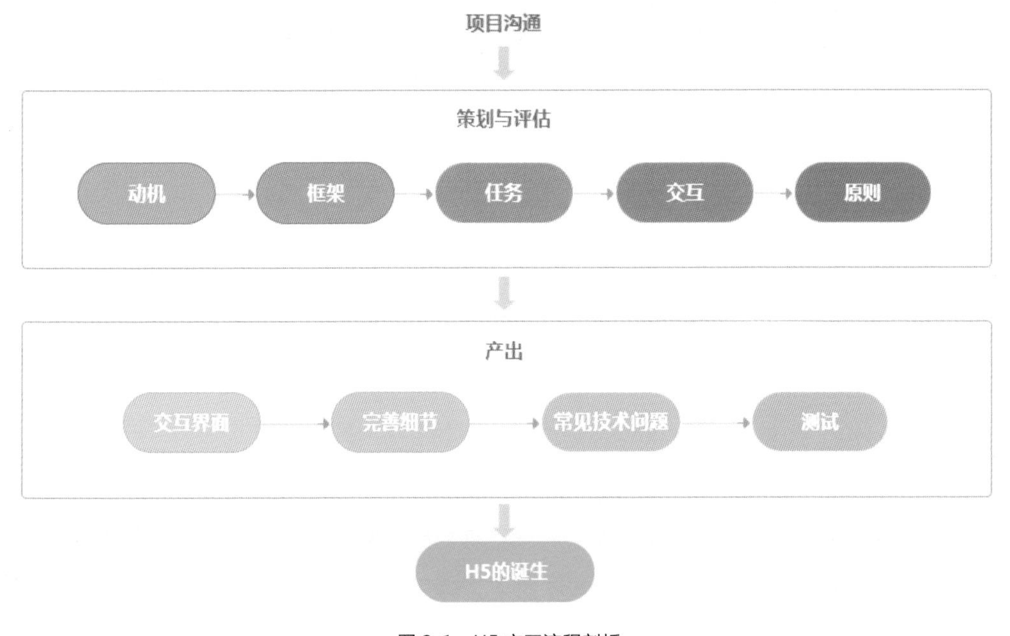

图 2-1　H5 交互流程剖析

首先是项目沟通。这是设计的前提，其他阶段都包含在这个前提之下。每一个环节都需要整个项目组的参与者不断沟通才能产出好的作品。

接下来是策划评估阶段。这个阶段的任务是对拿到的策划进行分解并给出大致方案。我们将这个阶段分成 5 个环节：动机、框架、任务、交互、原则，各环节将在 2.2~2.6 节中详细说明。

最后是产出阶段，也是具体设计和优化修改阶段。这个阶段在策划评估阶段之后，也就是说，假如策划评估阶段有调整，那么这个阶段的设计也将有所调整。我们将这个阶段分成 4 个环节：交互界面、完善细节、常见技术问题、测试，各环节将在 2.7~2.10 节中详细说明。

2.1 一个 H5 策划的开始，源于好的沟通

在讲开发流程之前，我们首先应该清楚，好的策划源于好的沟通，这非常重要。项目参与者应该在策划 H5 前，就对整个项目有一个清晰的判断。这里的参与者包括项目发起方、策划人员、设计人员、开发人员，甚至是销售人员等。在所有相关者都充分了解本次项目的核心目标后，才能预估本次策划能争取多少资源，如何进行排期。如果没有提前的预估判断，后续很可能会工期失控，造成无法按时上线。

2.1.1 邀请参与者开会

碰头会是必不可少的环节。我们希望项目发起方能够找到一间会议室，组织参与者到场参加。参与者包括项目负责人、产品经理、设计人员、开发人员、利益相关部门人员等。

（1）项目主要负责人最好在场，这样可以在会上当即做出决策，避免讨论结果在会后有所改动。如果负责人不在场，可以用电话会议或者在线群聊的方法让负责人知晓会议进度。最后以邮件形式确认。

（2）如果项目有产品人员跟进是最理想的状态，如果没有，则会议中应该选出项目把控跟进者，避免之后遇到冲突时，不知道谁来做决策。

（3）一定要邀请开发人员参与会议。他们能快速做出技术评估，例如，涉及 3D 建模等非常规策划，需要找到熟悉 Three.js 技术的开发人员；涉及计数、投票、双手机互动等应用的策划，则需要有后台开发参与，并需要专业测试人员参与测试。这些都需要提前评估。

（4）设计师一定要参与。项目发起者可能对 H5 的交互没有清晰认识，交互设计师应该对策划中所设计的包括用户心理预期、操作流程、核心交互等有一定把控。视觉设计师应该对策划使用什么视觉风格有明确把控。

（5）涉及其他部门如销售部门等，也最好邀请参加，避免会后提出额外需求。

碰头会肯定不止一次，项目前期大家需要统一目标，可以用头脑风暴的方式重新对策划进行思考；项目中期，交互细节确认之后，大家应开碰头会安排工期；项目后期，可能还会涉及设计和开发的联调、交互视觉走查和最后的测试以及优化。

要点：项目相关者全部到场，确认基本工作量、技术设计边界、项目工期安排，避免不必要的返工。

2.1.2 明确项目背景

前期会议要明确项目背景，确定项目的整体规划，主要内容有以下几项：

（1）项目背景。项目背景应该由项目发起人整理，包括项目主题是什么、受众是谁、决策方是谁、是否有第三方参与、是否有商业合作等基本资料。背景资料最好提前发给参会者，节省大家的时间。

（2）商业目的。明确突出哪些商业元素，预期达到什么样的传播效果。

（3）重要程度。这里能大致判断策划的难易程度、交互逻辑的复杂程度、设计的风格以及需要多少开发资源。

（4）上线时间。首先明确项目的上线时间，根据这个时间也可以判断策划的难易程度和开发周期。

以上各项都需要在会议中跟所有人沟通清楚，让大家在做后面的环节之前，心中有一个大方向和基本的判断。

要点：梳理策划重点，预估策划难度和工期，合理规划。

2.1.3 策划常见问题

在上述环节中，还有可能会出现一些问题，这些问题主要来自于项目发起者。发起者对于

项目往往有一个初步策划，但是由于没有跟设计人员和开发人员沟通，往往会出现以下问题：

（1）项目发起方想展示的文本内容过多。H5 的基本特性之一就是要快速传播，大量的文本是不利于快速传播的。

（2）发起方对核心交互方式把握不够精准。发起方往往会找到一个当下很火爆的交互方式，希望强行用到本次策划中，可能会造成交互方式的突兀。

（3）对技术开发没有概念，想要一些不可能实现的效果。

（4）没有需求文档，需求基本靠口述。这是最常见的一种情况，没有文档靠口述，会让大家的沟通效率非常低，而且会有大量认知偏差。

我们可以举一个例子，让大家理解前期沟通的重要性。

例：项目发起者的策划主题比较明确，想策划包含 6 个小游戏的 H5，每一个游戏代表一种中华传统手艺。例如其中一个游戏是用传统拉坯工艺制作陶器，设想通过手指在屏幕上缩放实时控制陶土的形状，并用一个陶器制作 App 给我们做演示。同样难度的游戏要完成 6 个（图 2-2）。

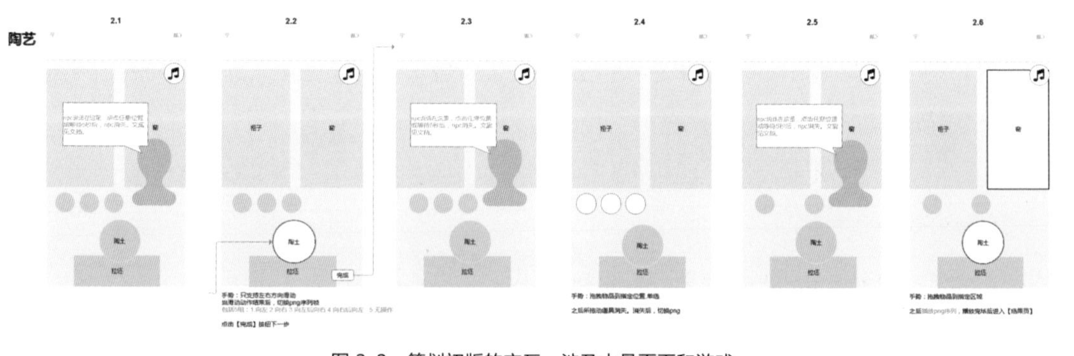

图 2-2　策划初版的交互，涉及大量页面和游戏

这里发起者主要有几点问题：①没有搞清楚这个项目的重要程度。在我们沟通后发现，这个项目的优先级较低，不可能花大量工期完成 6 个游戏。②发起人对技术开发没有概念，给出的演示不可能在 H5 上实现。③没有文档，通过口述描述需求。这样分析后，我们下一步

主要任务就是重新设计新的策划内容。技术上找到尽量简单的开发手段，才能做到事半功倍。

我们重新梳理了一遍项目背景，首先明确本次策划主要目的是为了宣传中华传统手艺；而在商业目的上是为了宣传我们的活动；在重要程度方面，设想与开发成本并不匹配，因为上线时间还是比较短。

从这几个方面我们分析完成 6 个游戏在时间上不太现实；6 个游戏的分裂感对于本次活动的主题也有较大干扰；想传达的内容过多，会干扰用户操作和认知。

结合下面 2.2~2.6 节中介绍的方法，我们重新梳理了策划，设计了一个角色扮演游戏，优点是在古代场景设定中给了用户明确的目标，增强了沉浸感，游戏中穿插传统手工艺的关卡和大量细节，让用户在玩的各个过程中领略我们传达的核心内容（图 2-3）。这样再设计之后，开发工期大大缩短，并且更好地整合了想表现的内容，让用户明确地感知到策划主题。

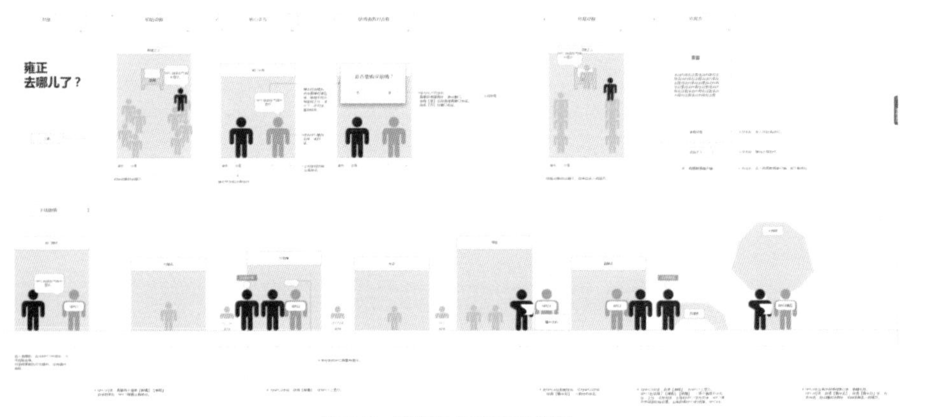

图 2-3　再设计后的交互方案

通过以上大量沟通，我们能对本次策划有一个总体方向的定位。下文将会详细为大家拆解如何进一步完善策划和做出正确评估，让整个策划思路越来越清晰。

2.2　策划评估 1：动机——是否能在短时间内吸引用户注意力并完成阅读

这里我们首先强调：一切源于用户的动机。我们希望充分调动用户动机，吸引用户注意力，完成整个 H5 的阅读并分享。

无论在线下还是线上，用户发生行为总会有动机，这个动机可能是有意识的，也可能是无意识的。这一节就是要通过以下几个理论，让大家了解用户的心理，通过策划充分调动用户行为，引导用户完成我们预先设置好的目标。这一部分稍偏理论，希望大家有耐心阅读。

2.2.1　利用心流理论控制节奏

想要对 H5 的节奏进行把控，那先要了解影响用户浏览的因素。

一般影响用户持续浏览的因素有很多，例如目标、情感、环境等等，这里我们选择两个比较重要的因素介绍一下：一个是目标，一个是情感（图 2-4）。

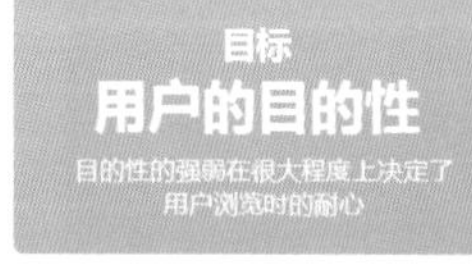

图 2-4　影响用户浏览的因素

这里的目标特指用户的目的性，目的性的强弱在很大程度上决定了用户浏览时的耐心，也就是说用户完成某个操作的目的性越强，他就越可以忍受过程中带来的不愉快体验，例如导航类和外卖类的应用，用户因为目的性很强，如果产品体验差点，用户也是可以忍受的。

但是往往一个应用的目的性是由产品属性决定的，所以很难通过设计进行干预，因此我们来了解第二个因素：情感。它决定了用户可以接受影响的程度，一般主观性越强，用户越

容易受到情绪的影响进而改变行为。

那这两个因素和 H5 有什么关系呢？

我们把客观性到主观性，目的性弱到目的性强拉一个四象限区间（图 2-5），可以看到，工具类和生活类应用在第二象限，因为它们目的性都偏强，比较客观，而本书的主角 H5 则毫无悬念地定位在第四象限的偏下位置，也就是说，大部分 H5 都属于目的性极弱且偏主观性的应用，因为是否浏览完一整个 H5 对用户来说是一件无关痛痒的事情，所以从主观性上越能影响用户的话，那用户浏览 H5 的耐心就越大。

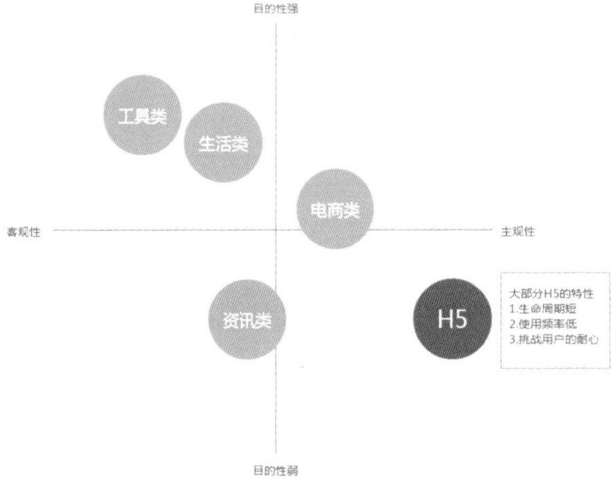

图 2-5　H5 与目标和情感的关系

所以在 H5 设计过程中，引导用户主观情绪的流程就变得至关重要。那主观情绪如何引导呢？我们需要借助一些心理学理论，最常用的就是心流理论。心流理论源自积极心理学家米哈里·齐克森米哈里的理论。心流指的是一种心理状态，例如我们在玩一款好玩的游戏或者观看一部有意思的电影时，往往会忽视周围的环境和时间的流逝，其实这时我们就进入了心流状态。

进入心流状态的用户通常有两个重要表现：一是完全投入一项活动并从中感到愉悦；二是关注体验过程从而忽视时间。在 H5 中我们要做的就是通过心流把控影响用户的主观因素。

那么如何制造心流体验呢?

首先应了解与心流关系密切的两个要素：“挑战”和“技能”。我们用玩游戏的例子来解释一下这两个元素的关系。当我们玩一款新游戏的时候（图 2-6），一开始都会先接触一段操作教学，一般我们很轻松就可以完成，并迫不及待地希望进入下一关。这是因为当前这种低等级的“挑战”正好匹配当下我们低等级的“技能”。

图 2-6　网易游戏《阴阳师》

了解完“挑战”和“技能”的关系后，我们把这两个元素按照等级高低拉出一个象限（图 2-7），新手刚玩游戏的状态就是图中标注 A1 的位置：低技能匹配低挑战；试想，如果随着进程推进，我们的技能不断提升，但是挑战的等级并没有提升，这时也就是图中 A2 的状态，这个状态中用户往往会产生无聊的情绪；再设想一下，如果这时候游戏给我们的不是简单的挑战，而是很高的挑战，你发现根本打不过去，也就会产生 A3 的焦虑状态。

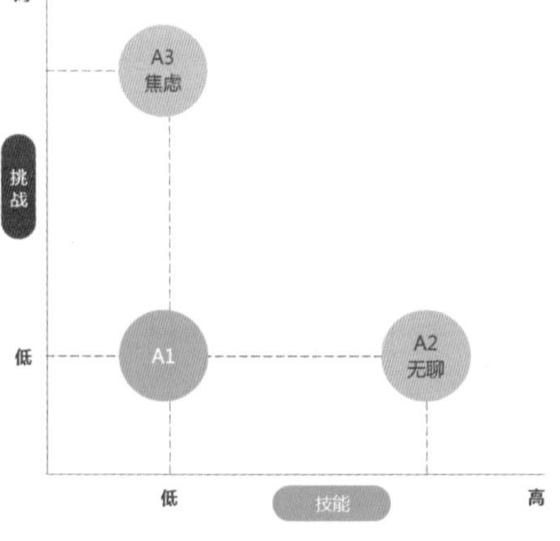

图 2-7　“挑战”“技能”和情感的关系

从图 2-7 可以看出 A2 和 A3 都让玩家产生了负面情绪，所以肯定是不可取的，那到底怎样才能找到游戏的乐趣呢？其实方法很简单，我们应该像 A1 时的状态一样，随着技能的提升，也逐渐提升挑战的等级，让它们之间始终保持一个平衡点，这样玩家就会进入一个持久的心流体验，

我们把它称作理想的“心流通道”（图 2-8）。

这个理论比较简单易懂，但应用到实践的时候你会发现一个问题，用户技能是会有上下微小浮动的，不会像上面讲的这样纯粹和绝对，所以在这个理论的基础上，心流还有一个升级版的应用模型，我们也称为“8 区间的心流模型”。

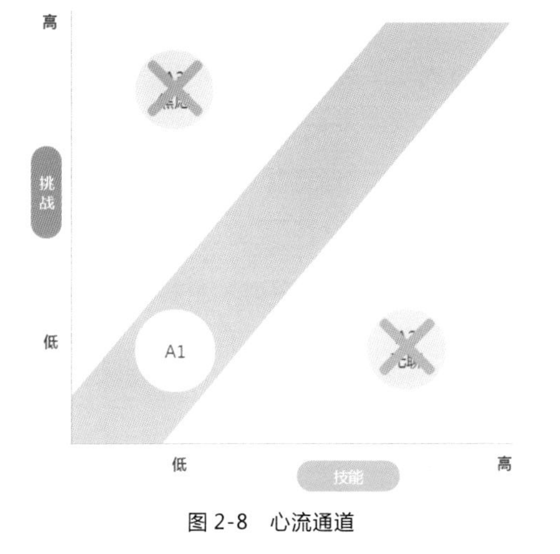

图 2-8　心流通道

在 8 区间的心流模型中，我们把“挑战”和“技能”拆分为高、中、低三个档，然后进行排列组合形成 8 个区，每个区都能对应一种心理状态，如图 2-9 所示。

图 2-9　“挑战”和“技能”的 8 个组合关系

8 个区分别是：

1 区：“高挑战”匹配“中技能”对应“激发”的心理状态；

2 区："高挑战"匹配"高技能"对应"心流"的心理状态；

3 区："中挑战"匹配"高技能"对应"掌握"的心理状态；

4 区："低挑战"匹配"高技能"对应"厌倦"的心理状态；

5 区："低挑战"匹配"中技能"对应"轻松"的心理状态；

6 区："低挑战"匹配"低技能"对应"淡漠"的心理状态；

7 区："中挑战"匹配"低技能"对应"担心"的心理状态；

8 区："高挑战"匹配"低技能"对应"焦虑"的心理状态。

可以得出，1 区到 3 区所对应的心理状态分别是相对积极的"激发""心流"和"掌握"，超过 3 区之后，它们给用户带来的情绪就不那么积极了，例如"厌倦""淡漠""焦虑"等。

所以我们把注意力集中在前 3 区，就发现其实这 3 个区可以形成一种促进心流形成循环的过程（图 2-10）。从 1 区高挑战对应中技能的"激发"状态，让用户不断提高技能后进入 2 区的高挑战对应高技能的"心流"状态，随着技能不断提高，原来的高挑战变为了中挑战，也就顺其自然地进入了 3 区的中挑战对应高技能的"掌握"状态，然后系统又给你一个更高的挑战，于是用户就又进入了 1 区的"激发"状态。

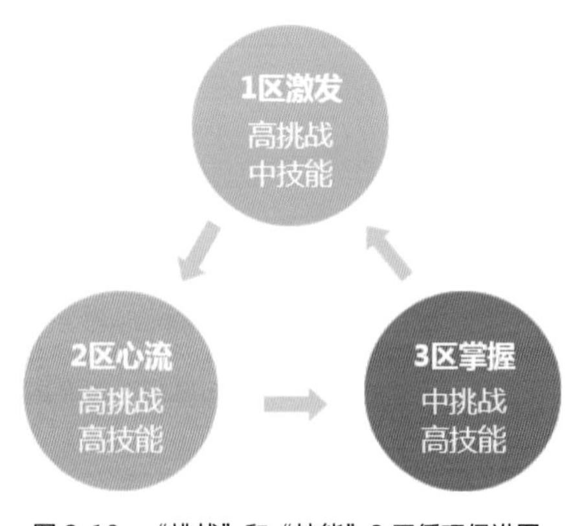

图 2-10　"挑战"和"技能"3 区循环促进图

如此往复，才能让用户达到一个正向循环、促进的心流过程。所以在 H5 的设计过程中，如果我们能让用户达到这样的过程，就能牢牢抓住用户，让他们有耐心、有兴趣浏览完我们的 H5。

综上，之前的象限图就变成了如图 2-11 所示的八象限图，也就是所谓的“8 区间心流体验模型图”。可以从图上看出，上文重点分析的 3 个重要区间，恰巧是占位象限右上角顶部的 3 部分，也就是图中标示的 1 区、2 区和 3 区。我们也可以了解到，其实图 2-8 中斜 45 度的心流通道，其从左下角往右上角的发展就是这三个区间循环往复、不断促进的过程。

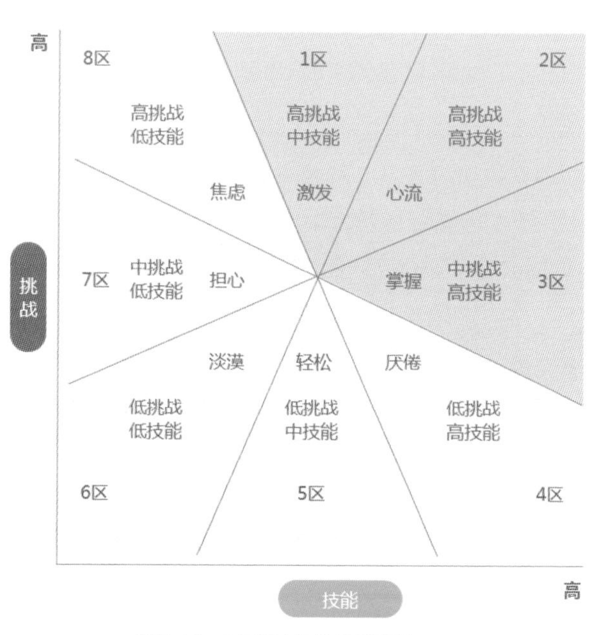

图 2-11　8 区间心流体验模型图

讲完心流的概念，那心流在 H5 中是如何应用的呢？我们来举两个案例给大家。

首先是一个常见的小游戏 H5，是网易出品的《虐死强迫症》（图 2-12）。在这个游戏属性很强的 H5 中，用户需要闯过四个关卡，最后得到一个综合分数，重点是每个关卡都是看似简单实则非常“虐心”的小游戏。

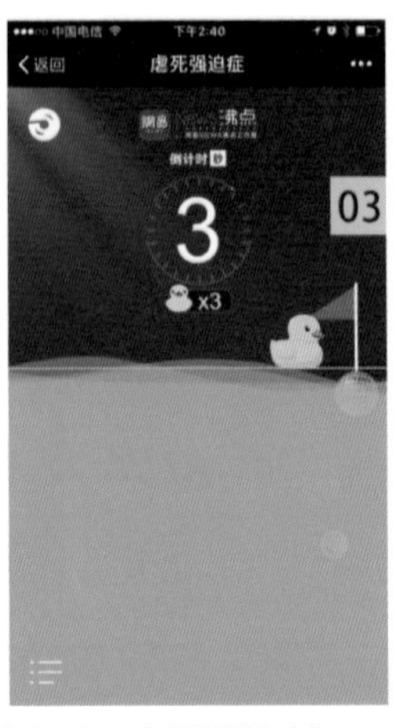

图 2-12　《虐死强迫症》

例如第一关用户需要凭自己的感觉画一根和屏幕里横线一样长的竖线，第二关里用户需要抓准时机，让一直上下移动的笔芯正好插到铅笔里……看似交互极其简单的应用却很轻易地让用户进入了心流通道。

其实它就巧妙地利用了刚刚提到的 3 区循环原理：一开始玩家以为这只是一个极其简单的挑战，但其实这个游戏设置的挑战要比玩家预期值高很多，于是大多数人在第一次挑战时失败了，但这反而激发了他们的好胜心，随着他们不断磨炼自己提高技能，最终通过了关卡，愉悦感油然而生，这时应用就会解锁新一级的关卡，赋予他们新一轮的挑战……这就是一个典型的 3 区间循环模型。

心流理论基本可以适用于所有的 H5，除了这种偏向游戏类的案例，只要任务难度挑选合理——不太简单以至于无聊，不太困难以至于焦虑、挫败，简单的 H5 也完全可以让用户沉浸其中。

接下来，我们把视角放得更远一些，除了游戏类的 H5，其他类型的 H5 也可以轻松抓住用户。例如前文举过的案例《游戏热爱者年度盛典亮点前瞻》（图 2-13）。

2016年网易游戏年度盛典

2016年网易游戏盛典的亮点预告海报?

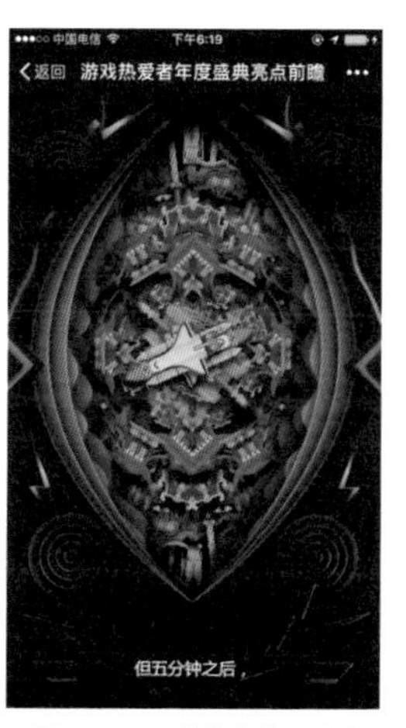

图 2-13　《游戏热爱者年度盛典亮点前瞻》

这个案例就是利用阅读节奏来控制非常大量的信息，将信息用很强的节奏展示出来，在用户刚刚好可以理解一页内容的同时放出他意想不到的下一页，让用户的大脑既没有时间休息，又不会因为太快而理解不了，如此同样可以让用户进入心流状态。

2.2.2　利用Hook理论引导用户

还有一个理论可以用来引导用户行为，那就是 Hook 理论。尼尔 · 埃亚尔在《上瘾：让用户养成使用习惯的四大产品逻辑》中说，让用户上瘾的基本逻辑可以用图 2-14 说明。

其中，引导一个用户的行为需要 4 个步骤：触发（诱因）- 行为 - 多变的酬赏 - 投入。

图 2-14　Hook 理论模型

触发（诱因）和行为联系比较紧密，就是通过某种诱因让用户进入到产品中并产生行为；在多变的酬赏环节激发用户对产品中某个事物的强烈渴望；最后在投入环节让用户付出一些东西，例如时间、精力、金钱等，这些会让用户产生新的动机，让用户再次进入行为环节从而进入下一个上瘾循环。下面我们展开讲解一下。

1）触发与行为

首先，促成一个人行为的有三个关键因素：触发、动机、能力（福格行为模型），如图 2-15 所示。

可以用一个简单的比喻，让大家快速知晓这三个因素分别代表什么意思。以手机来电做比方：由于用户将手机调成静音，手机来电后没有接到，这种情况就是没有触发；手机来电，用户发现是陌生号码不打算应答，是用户的动机不够；手机来电后，用户没有找到手机，是用户的能力不够。

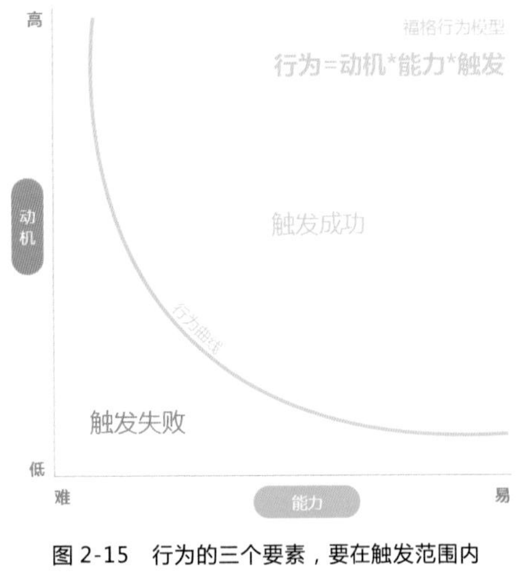

图 2-15　行为的三个要素，要在触发范围内

首先来看触发。尼尔·埃亚尔解释说，触发来源于外部和内部。例如地铁广告、手机推送等被动接收的内容是外部触发；而当用户无聊时候打开社交媒体，想买东西时候打开电商产品，就是内部触发。

由于 H5 在社交媒体上传播，我们可以将社交媒体中关注者的一条分享链接作为一个外部触发。别小看这个小小的分享链接，它对于 H5 来说却至关重要。有很多方法可以吸引用户点击，例如变化标题等，我们会在 2.8.1 小节中详细说明。

当用户受到外部触发打开这个 H5 后，封面和前几页的内容如何迅速打动用户？这需要强大的内因。内部触发可以包括 1.2 节中提到的几个要素，例如产生心理共鸣、新奇的创意、

蹭热点、使用没见过的新技术等。这些均可以第一时间抓住用户。

在设置好外部触发和内部触发后，下面看看能力。这里我们要尽可能通过简化任务和操作流程等方式提升用户所需的能力。通过触发引导用户进到一个 Hook 循环后，用户在完成任务时，影响任务的难易程度有 6 个要素：

（1）时间：完成这项任务所需的时间；

（2）金钱：从事任务所需的经济投入；

（3）体力：完成任务所需的体力；

（4）精力：从事任务所需消耗的脑力；

（5）社会偏差：他人对该项活动的接受度；

（6）非常规性：该项活动与常规活动之间的匹配程度或矛盾程度。

在 H5 的设计范围中，最常用到的是如何控制用户花费的时间、精力。尽量让用户加快浏览速度，可以为用户节省时间；不要设置过于复杂的操作，为用户节省精力。

下面谈谈动机，这也是行为环节中最重要的一个因素。对于 H5 策划来说，可以引入游戏设计思维来理解动机，因为好的游戏能够吸引玩家玩下去，正是因为其充分发掘了用户动机。

我们引入游戏设计的“八角行为分析”，各原则如下：

（1）重大使命感和召唤；

（2）进度与成就感；

（3）创造授权与反馈；

（4）所有权与拥有感；

（5）社交影响与同理心；

（6）稀缺性与渴望；

（7）未知性与好奇心；

（8）亏损与逃避心。

对于如何将上述原则运用到 H5 中，除了第 6 条和第 8 条在 H5 策划中比较难实现一般不使用外，其余我们将依次说明。

第 1 条，重大使命感和召唤。如图 2-16 所示的《“小朋友”画廊》中，就通过公益活动号召用户，让用户获得一种使命感。

图 2-16　腾讯公益的《“小朋友”画廊》策划，用户可以购画并将爱心传达

第 2 条，进度与成就感。例如击败了百分之多少的用户，或者获得了一个级别的成就。如图 2-17 所示的《我为新时代建设添砖加瓦》中，用户通过完成游戏获得对应称号，为用户增加了成就感。

图 2-17 《我为新时代建设添砖加瓦》中根据成绩反馈不同的成就

第3条，创造授权与反馈。在H5中我们允许在一定限制内，授权用户产生、创造一些元素，并能够产生简单的反馈交互。如图2-18所示的《里约小人大冒险》中，用户可以创造一个形象，在游戏中形象还能做动作。

图 2-18 用户可以随意创造一个形象，这个形象可以进行简单形变和位移

第 4 条，所有权与拥有感。通过用户的操作，可以产生独一无二的结果。在 H5 中这一点较难实现，因为 H5 不是 App，自由度较低。但还是有部分 H5 能让用户拥有独一无二的结果。如图 2-19 所示，用户可以上传自己的照片，经过后台合成生成一个专属头像。

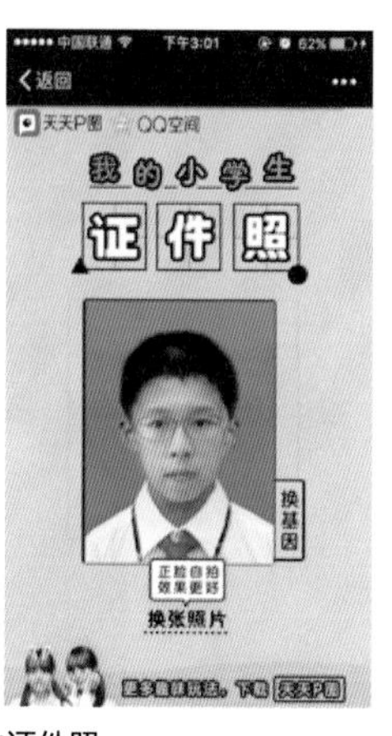

图 2-19　经过后台处理，合成一张小学生证件照

第 5 条，社交影响与同理心，即在 H5 中可以带有社交关联。如图 2-20 所示的《国足生死战》中，用户发布一个 PK 活动后，如果有好友参与，则获得好友的头像、用户名、对战选项。

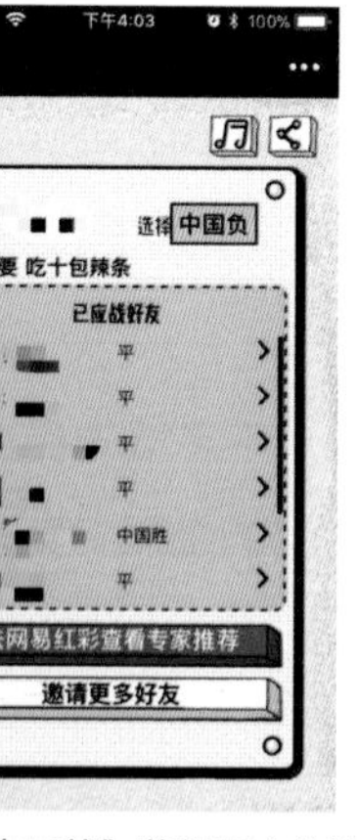

图 2-20　《国足生死战》获得用户的社交关系

第 7 条，未知性与好奇心。我们可以通过不断调动用户好奇心，让用户将 H5 看完。例如选择剧情反转、抽奖、答题等策划，用户不知道会有怎样的结果反而愿意试一试。如图 2-21 所示的《职场反击战》中，用户不知道选择剧情后会发生什么。

图 2-21　在 H5《职场反击战》中点击下方按钮可以选择情节

2) 多变的酬赏

下面我们进入 Hook 循环中的下一个环节——多变的酬赏。在用户行动后，一定要给用户提供丰富的不可预知的奖励。在老虎机试验中专家发现，令用户最期待、最兴奋的是等待酬赏产生的环节，所以这种不可预知性是酬赏的特性，而酬赏本身并不是用户最期待的。

这里要注意的是，多变的酬赏并不是漫无目的的。我们设置酬赏的时候要给出一个明确的目标范围，而不是用户无法预期的结果。如图 2-22 所示，老虎机游戏中会展示用户有可能获得的酬赏范围。

图 2-22　老虎机会展示有可能获得的酬赏范围

酬赏有三种表现形式：

- 社交酬赏，即社会认同感，人们通过社交产生的奖励，例如朋友圈中的点赞和评论。
- 猎物酬赏，即人们在使用中获得的直接物质奖励，例如抢代金红包。
- 自我酬赏，即人们在活动过程中获得的操控感、成就感，例如坚持健身打卡获得的勋章。

下面我们举两个例子，看看在实际操作中如何应用上面的 Hook 理论。

例 1：《一首诗揭穿你》。这个策划原题目为《古话今说》，用户需要随意输入一句话，通过后台处理将这句话生成文言文版本反馈给用户，策划到此结束。通过 Hook 理论我们发现这个策划有几个问题：

- 能力：让用户随意输入一句话要求的能力太高了，没有任何说明，用户不知道要输入什么内容；
- 动机：这里本来是想利用创造授权与反馈来激发用户，这个动机没有问题，但是没有给用户明确的预期；
- 酬赏：给出的结果用户不能完全预期，我们同样不可控，有一定风险。

经过再设计，我们将主题改为《一首诗揭穿你》，采用抽签加答题的方式给用户匹配文言文的结果，将问题这样解决：

- 能力：降低用户使用的能力，将主动输入内容变为被动选择选项；
- 动机：给用户设置了新的动机，将创造授权与反馈变为了未知性与好奇心，符合新主题，这种内部触发能够瞬间抓住用户；
- 酬赏：赋予用户社交酬赏，我们将结果设定在一个有限的范围内，提高结果质量；并且在结果中加入有趣的文案让用户更愿意分享，获得社交酬赏。最终结果如图2-23所示。

图 2-23　通过标题引导进入选签环节，设置随机按钮，再次降低用户的使用门槛

例 2：《两会红包雨来啦》。这个策划想给用户宣传一下两会的相关政策信息，其难点是政策信息相对严肃，在快速传播的移动媒体环境下有劣势。我们需要为这个策划设计包括设置触发、赋予动机、降低能力、获得酬赏等一系列因素，让该策划有成为“爆款”的可能。

首先，我们为策划套上一个强烈的内部触发，就是抢红包游戏；其次，这样设计能赋予用户获得成就感的动机，抢的红包越多获得的头衔越高；第三，我们设置的抢红包操作简单，让用户只要点一点手指就能获得红包，没有提高用户的能力；最后，获得红包就是获得酬赏，

这是一种明确的猎物酬赏，用户真的可以获得大量优惠券。

我们将政策信息放在红包中，在用户打开红包的时候展示出来，将核心内容放在这里能大大增加曝光度，同时不至于降低用户好感度。最后用户分享这个 H5 会获得更多社交影响，同时变成好友的外部触发。最终结果如图 2-24 所示。

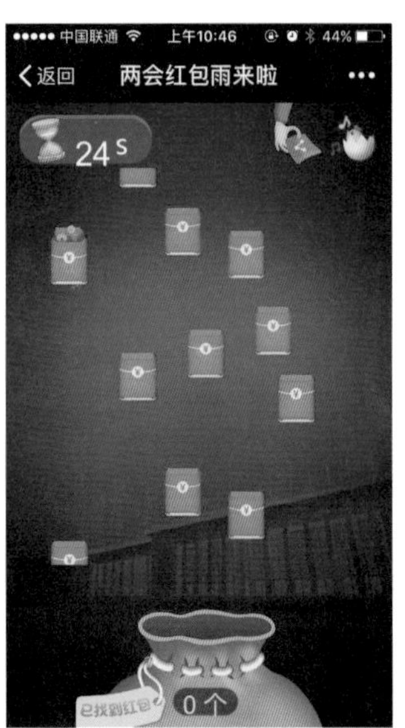

图 2-24 将核心内容包装，在最合适的环节展示

这样比生硬地让用户一个政策一个政策看的策划要有趣得多。所以，就像野百合也会有春天一样，枯燥的策划主题同样也可以让人上瘾，达到一个好的传播效果。

3）投入

在投入环节我们要让用户付出一些东西，例如时间、精力、金钱等，这些会让用户产生新的动机，让用户再次进入行为环节继而进入下一个上瘾循环。投入环节在 H5 策划中的使用不是非常广泛，在游戏策划中比较常见。但是我们在策划中可以尽量让用户通过主动生产内容的方式参与到 H5 中，增加用户在 H5 中的投入，用户投入越多，越不会轻易离开。

2.3 策划评估 2：框架——展现形式是否符合策划主题

经过策划评估 1 的环节，我们以如何吸引用户的注意力、如何让用户将 H5 完整阅读完并分享为主要目标，梳理了如何充分调动用户动机、如何引导用户行为的理论知识。我们要将这些理念作为策划的内核，下一步为这个内核选择展现形式，让这个展现形式更符合策划主题。按照交互的复杂程度，将展现形式分为三类：

- 展示型：涉及的交互非常少，多以展示内容为主。
- 引导型：通过一些交互引导用户完成操作。
- 操作型：涉及大量的交互，吸引用户完成操作。

我们会从以下五个维度对各类型进行直观评价说明：

（1）策划创意，即利用情感共鸣或新奇的内容策划吸引用户；

（2）交互程度，即用户操作所需的复杂程度；

（3）阅读体验，即上文提到的是否充分利用心流等理论引导用户产生更好的阅读体验；

（4）视觉表现，即视觉、动效层面等用户的直觉感受；

（5）技术能力，即技术开发的难度和最终实现的完成度。

五个维度的量表如图 2-25 所示，下面我们将针对不同类型依次进行讲解。

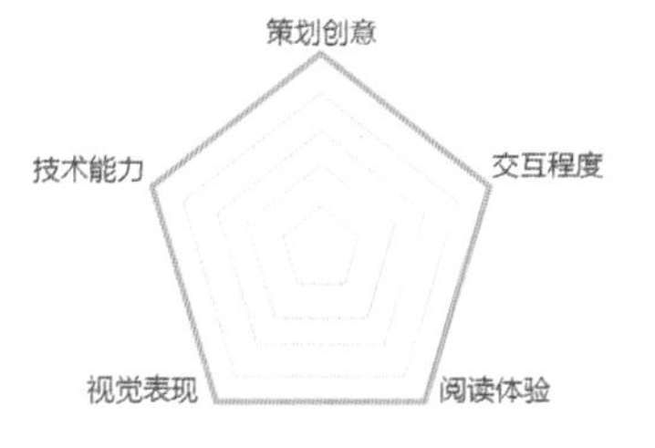

图 2-25 五个维度的量表

2.3.1 展示型

展示型中我们也按照交互强弱进行了分类，分为视频类、幻灯片类、空间展示类，如图 2-26 所示，三者交互渐强。

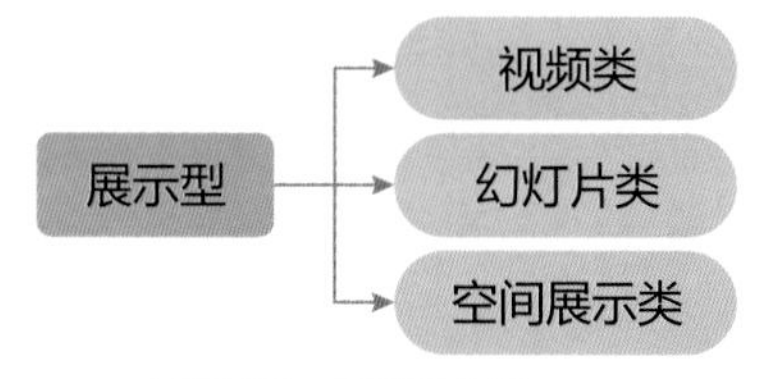

图 2-26　展示型分类

所谓展示型 H5，是指打开页面仅通过几个简单常规操作甚至不操作，就能够直观看到展示内容。这类 H5 的优势是易于流畅地呈现一个完整的故事或品牌形象；交互层级少；技术难度低。缺点也比较明显，对内容要求非常高，得足够吸引用户看完整个内容，如果交互形式简单乏味，也容易造成用户流失。

如图 2-27 所示，我们可以看到展示型的 H5 在策划创意、视觉表现和阅读体验等心理维度上的要求非常高。

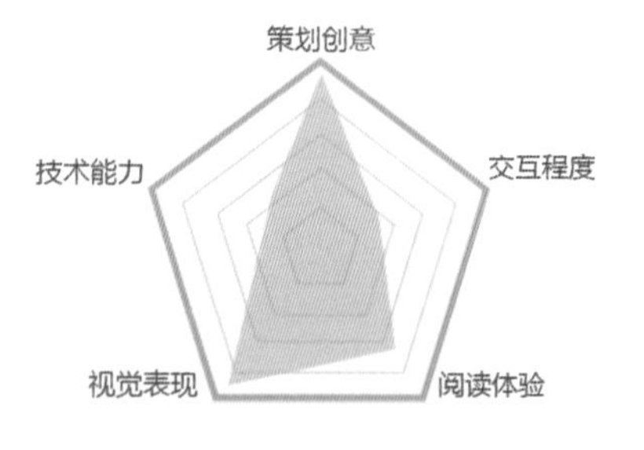

图 2-27　展示型 H5 的直观五维评价

首先来看视频类。视频类即是打开 H5 纯粹播放视频，直到结束。这种 H5 对于视频内容要求非常高。根据我们之前讲解的 Hook 理论中的触发环节，我们应该在这类 H5 的开头就立刻吸引住用户，让用户浏览到最后。就像电视剧一样，第一集剧情要很精彩才会吸引观众，

并且要留下足够悬念才能让用户继续看下去。视频要注意时长，过长会导致用户丧失注意力，也会由于视频过大导致卡顿。设计这类 H5 要注意：

- 视频要足够吸引人。
- 视频不要过长。如果过长，建议分段播放。
- 视频分段后，可用交互手势连接。

如图 2-28 所示的《葫芦娃毁童年新番》是视频类的典型例子。这个 H5 通过强大的想象力、穿越古今的策划给用户留下了深刻印象。

图 2-28　《葫芦娃毁童年新番》

接下来是幻灯片类 H5。这种类型的 H5 是最传统的展示形式，即通过手势翻页，一页一页观看到底。中间可以使用富媒体例如图片、视频、动效和音乐。但看似简单的幻灯片，也可以做出不一样的效果。我们可以在动效、手势以及结构创新上增加有意思的交互。要注意的是：

- 着重优化动效和视觉，页数尽量控制在6~8页。
- 尽量在结构和页面连接上创新，增加有趣的交互。

常用的结构有两种，一种是线性结构，一种是单层级树状结构，如图 2-29 和 2-30 所示。

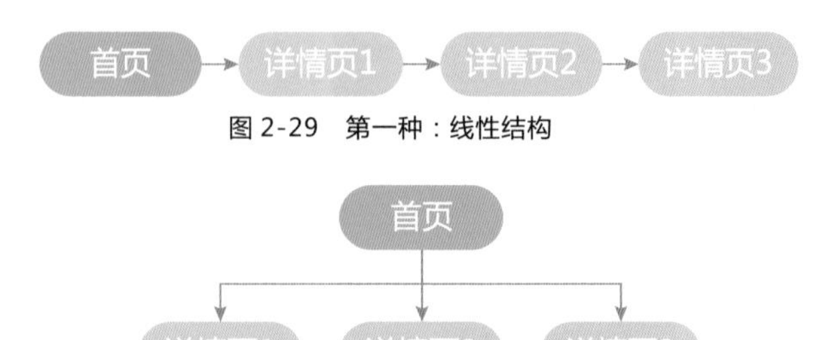

图 2-29　第一种：线性结构

图 2-30　第二种：单层级树状结构

我们结合下面几个 H5 具体说明一下。图 2-31 是名为《心灵复苏大保健》的 H5，属于第一种线型结构：页面按页切换，有固定顺序。在这个 H5 中我们以霓虹灯为元素贯穿整个策划，同时增加了霓虹穿插动效和翻牌动效来烘托气氛。

图 2-31　《心灵复苏大保健》中的页面切换

图 2-32 是名为《2016 请回答》的 H5，这个 H5 是单层级树状结构，页面之间是平行关系，没有顺序，结构相对松散。这个 H5 采用了长按来切换页面的交互。用户在长按切换页面之后随机出现关键词，通过交互动效增加趣味性。

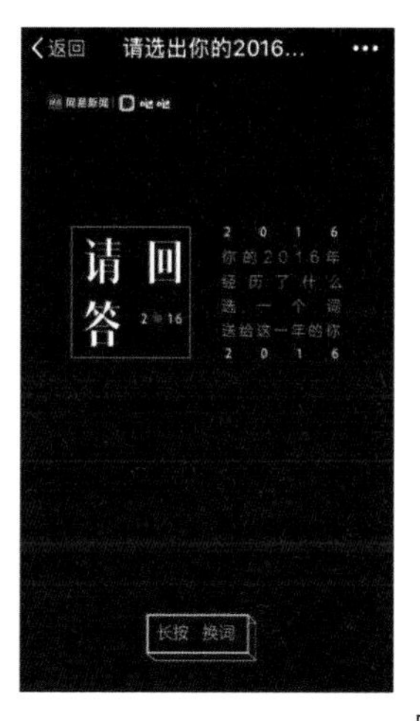

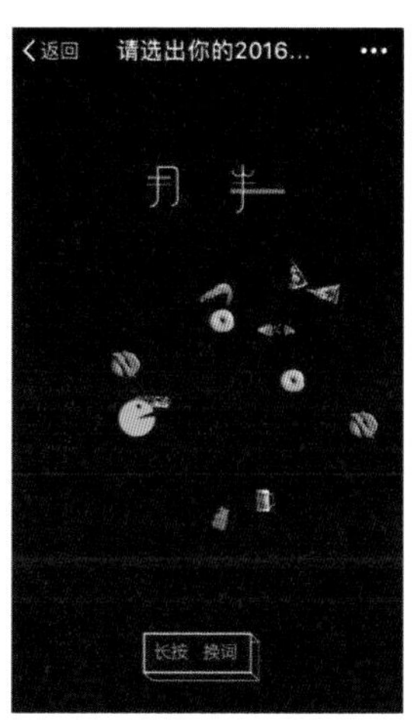

图 2-32　《2016 请回答》中用户可以通过长按换词

还有在图2-33所示的《方寸间的两会简史》中，也是使用了单层级树状结构，它和《2016请回答》的区别是有一个汇总目录页，用户首先选择目录中的邮票，点击后通过动效转场切换到详情页，再返回到目录页重新选择。

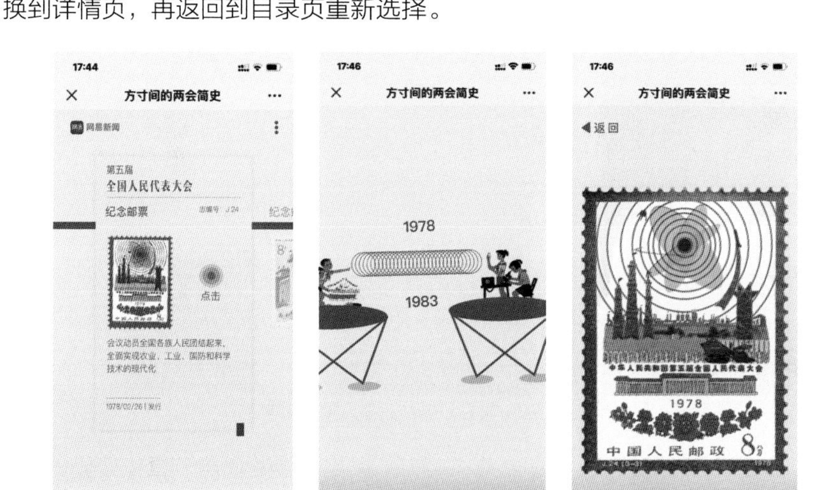

图 2-33　《方寸间的两会简史》中的转场切换

展示型还有一种是空间展示类，即在一个虚拟空间中展示内容。常见的形式如一镜到底、

全景展示等。由于这种展示类型在交互上比较简单，策划往往会提高页面设计的复杂程度。使用这种展示方式时要注意：

- 结构层级越少越好。
- 交互尽量简单清晰。

如图 2-34 所示的 H5《趁活着去拉萨》，用户通过左右滑动查看完整的场景。我们通过分别设置图层的滑动速度，做出一个视差效果，从而在视觉上看起来像是一个有前后景的有纵深的空间。这么做也会让偏平面化的设计不那么单调乏味。滑动过程中可以通过点击查看介绍内容。

图 2-34　通过分出前、中、后景的视差，让画面更立体

全景效果也是一种展示空间的形式。用户通过旋转手机控制观看视角，查看有环绕感的空间。全景设计同样可以将图层进行前后景区分，做出的立体效果更让用户身临其境。如图 2-35 所示，用户通过上、下、左、右移动手机控制视角，点击按钮弹出内容。

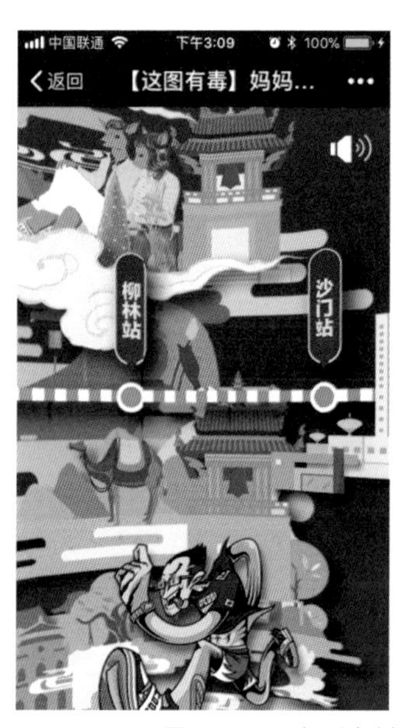

图 2-35　用户通过陀螺仪控制视角来展示空间

2.3.2　引导型

该类型 H5 的优势是表现形式较为丰富，让用户在阅读中始终保持沉浸感。不断变化的交互方式或者反馈奖励能够激励用户不断阅读。但是劣势和展示类一样，还是需要依靠强大的策划能力，例如创意或者情感化因素才能支撑住整个 H5。我们将引导型 H5 分成两类：一类是互动视频，一类是小场景，如图 2-36 所示。我们可通过图 2-37 看到这类 H5 的五维评价是相对均衡的。

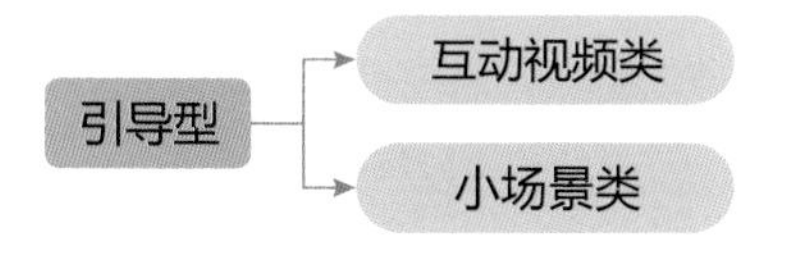

图 2-36　引导型说明展示

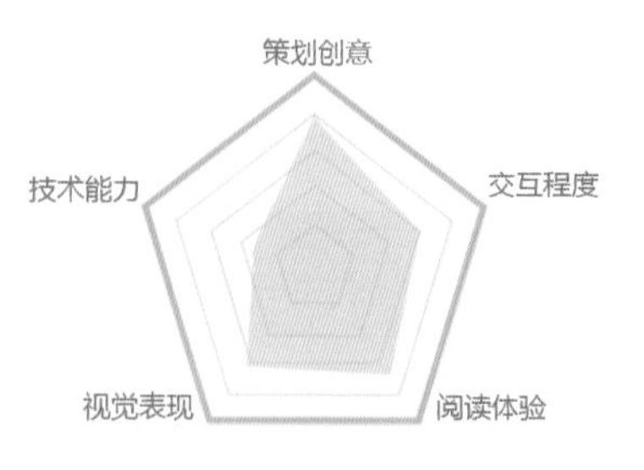

图 2-37　引导型 H5 的直观五维评价

首先来看互动视频。这类策划是展示型视频类 H5 的进一步延伸，即在纯视频的基础上，将视频切割分段，中间穿插交互点将视频连接起来。交互点是指用手势操作或者做选择题等，做选择题有两个优势：

- 可以让用户引导故事的走向，增加不确定性。
- 可以利用交互点的精确把控，准确地配合故事结构，让故事更生动。

如图 2-38 所示的案例《职场反击战》，就是用选择题的方式完成视频连接的。

图 2-38　使用选择题的方式连接视频

《王三三的生活用品店》（图 3-39）则是通过使用交互手势连接视频。用户通过跟随滑动提示进行操作，切换视频。

图 2-39　使用交互手势连接视频

接下来看小场景。小场景是展示型幻灯片类的进一步延续，幻灯片类几乎没有需要用户交互的地方，但是小场景则是将一页页幻灯片换成了复杂的场景，包括大量动效和交互。要注意以下几点：

- 场景之间有一定关联和过渡，让场景更连贯。
- 场景间的过渡尽量不要重复，尽量符合场景所在的剧情。
- 需要给用户明确的提示和引导。

如图 2-40 所示，在 H5《纪念哈利 • 波特 20 周年》中可以看到，在每一个场景转场的时候使用了不同的交互方式，例如滑动、选择题、画咒语等，很好地结合了策划中的场景。在交互之后紧跟流畅的动效转场，大大提升了用户的沉浸感。

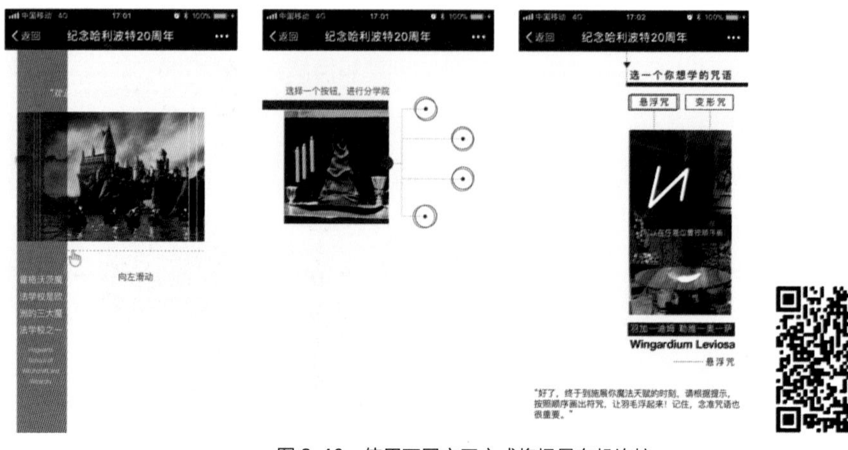

图 2-40　使用不同交互方式将场景有机连接

2.3.3　操作型

下面来看第三种，操作型策划。上文 2.2 节中提到的心流体验和 Hook 理论在实践中应用最广的就是操作型策划。所谓操作型，就是指用户更主动和深入地与 H5 交互，通过操作控制 H5 的走向和结果。

在这里总结了几个操作型 H5 的类别，但并不是包括所有，因为本类型策划灵活多变，不能穷举，我们只能举出几个常见类型分享给大家，大家还应该从具体策划入手找到合适的交互手段，但是其中运用的原理万变不离其宗。如图 2-41 所示是操作型的几个类别：小游戏、做测试、技术类。

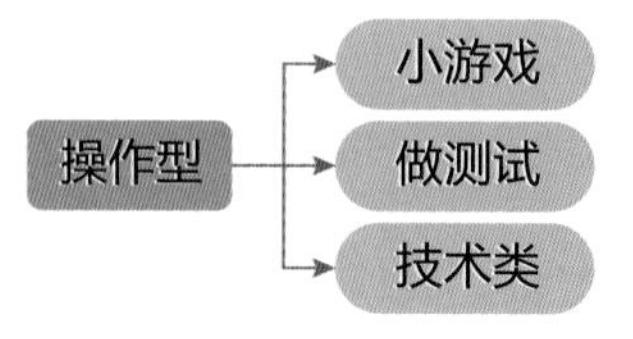

图 2-41　操作型策划的类型

操作型策划首先通过有趣的操作吸引用户进来，然后通过反馈刺激用户，让用户玩下去，还可以获得相应的成就使用户完成分享。当策划的创意和情感化因素不够的时候，用操作型尤其是小游戏类就非常合适了。

操作型 H5 的直观五维评价如图 2-42 所示，可以看出操作型非常强调交互，尤其是小游戏类涉及大量交互，相对地，其开发成本也会上升。

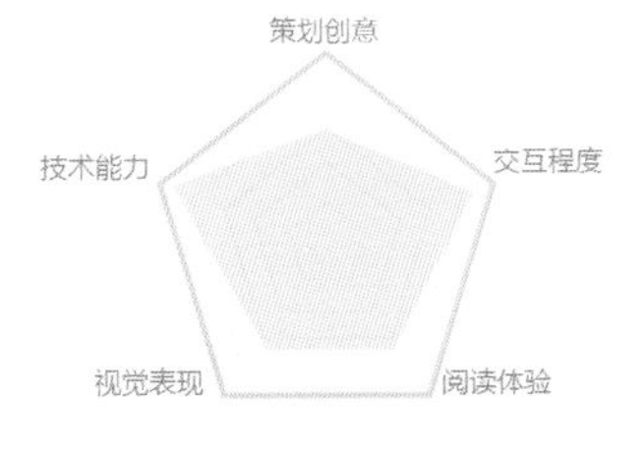

图 2-42 操作型 H5 的直观五维评价

本类 H5 的优点非常明显，通过激励用户操作能够很快吸引用户的注意力；通过获得成就可以获得更多分享机会。缺点首先是操作型 H5 在交互上同质化严重，光靠设计游戏机制还是很难脱颖而出；其次有时开发能力有限，无法完成复杂的操作系统；还有就是微信等平台对游戏类 H5 有一定的传播限制。

首先来看小游戏。目前能在 H5 中比较好实现的游戏类型相对简单，主要特点为：

- 能够快速吸引用户注意力，快速带领用户进入心流。
- 游戏中可以穿插策划需要突出的重点。
- 小游戏可以给予用户独特的成就，以便增加分享几率。

要注意的是：

- 要给予用户在操作上的引导。
- 不要将H5的体量做得过大，导致加载问题（关于加载会在2.9节中详细讨论）。

下面举几种常见的小游戏策划。

可以模拟横版通关式的游戏，如图 2-43 所示的例子《雍正去哪了？》将游戏设计成完

成任务的通关模式，用户控制游戏中的人物方向，完成 NPC（Non-Player Character，非玩家角色）交给的任务。而在如图 2-44 所示的《我是一只快乐的羊驼》中，用户通过控制人物过关，引出一系列搞笑的死法。这类游戏需要注意游戏体量不要太大，要设计有趣的剧情引导用户玩下去。

图 2-43　模拟横版角色扮演游戏

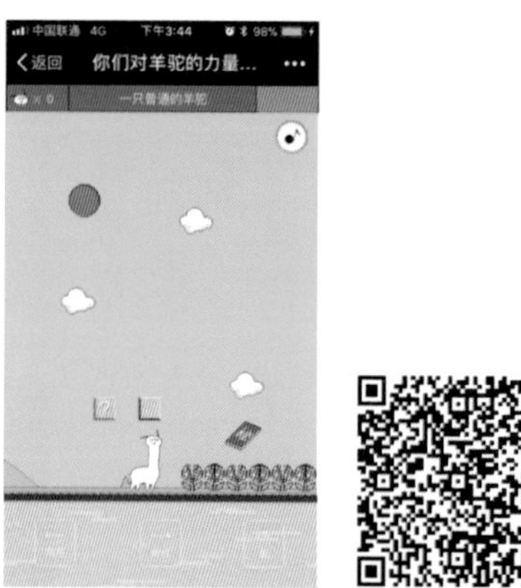

图 2-44　模拟横版过关游戏

还有探索发现类小游戏。例如图 2-45 所示的例子《眼瞎大冒险》和《头条者联盟》，用户需要在界面上探索和发现，找到正确的选项。

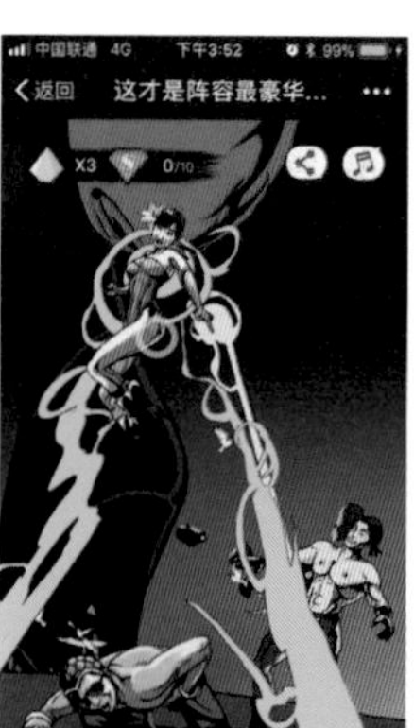

图 2-45　两个例子均需要用户找到正确选项

还有微操小游戏，例如图 2-46 所示的例子《我为新时代建设添砖加瓦》和《虐死强迫症》，用户通过不断提高自己的能力和挑战，最终达到心流体验。

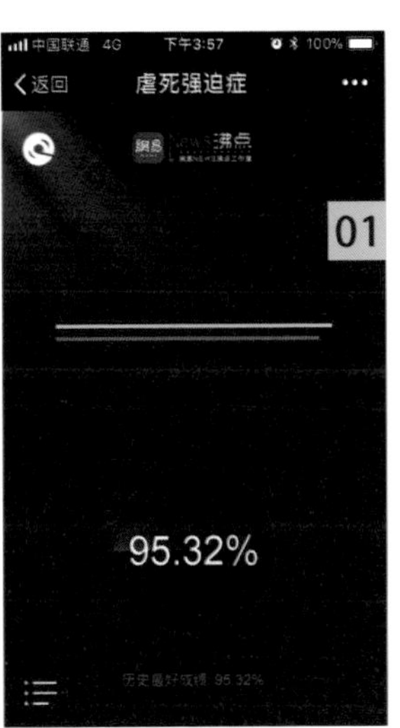

图 2-46 两个例子均需要用户的微操

下面介绍一下测试类。测试类相对简单，用户通过简单回答一系列问题，最终得到一个个性化的结果。特点有：

- 这类策划最好和用户的社交属性相关联。
- 最终结果最好难以预料，调动用户好奇心。
- 可以通过回答不同难度的问题，得到不同的结果。

例如图 2-47 所示的《你是〈权力的游戏〉中的谁》，通过紧跟热点和大 IP（Intellectual Property，知识财产），首先抓住用户眼球，再通过答题最终给出你是《权利的游戏》中的谁，并提供对应歌单。这种结果对于“权力游戏迷”来说，谁不会去分享呢？

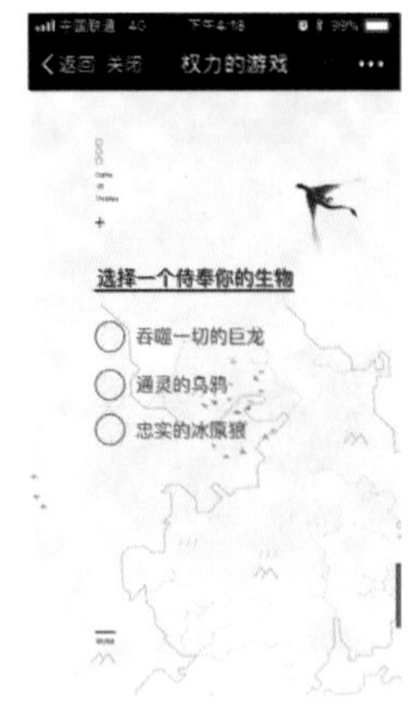

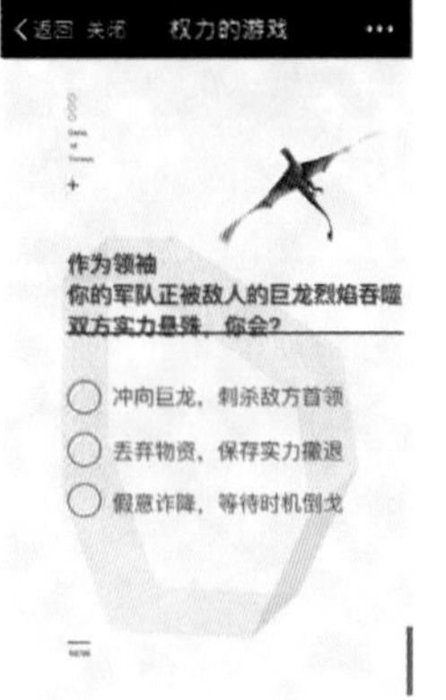

图 2-47　通过答题得到个性化结果

再举个例子《高校大作战》（图 2-48），其中用户通过答题的方式攻击对方，答对攻击对方一次，答错被对方攻击一次，将答题结合 PK 对战，充分调动用户参与。

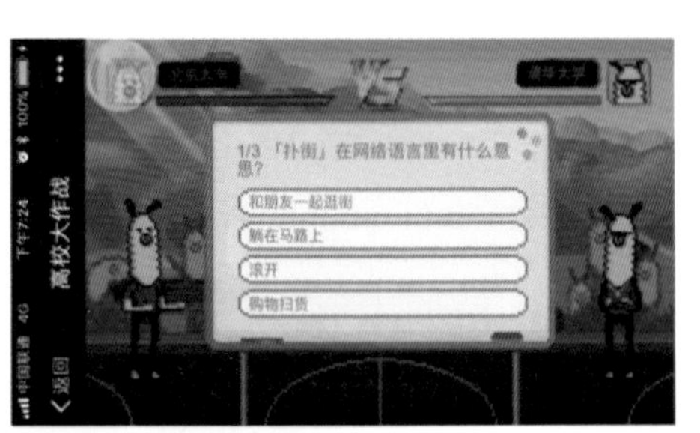

图 2-48　《高校大作战》中将答题的结果变为攻击

最后说说技术类。这一类有很大层面是以技术为导向，如强调产品的特性，或者突出主题中的某些重要特点。例如天天 P 图的《我的小学生证件照》（图 2-49），就是突出介绍天天 P 图的后台人脸识别能力。用户上传头像后会生成对应的小学生证件照，生动有趣。

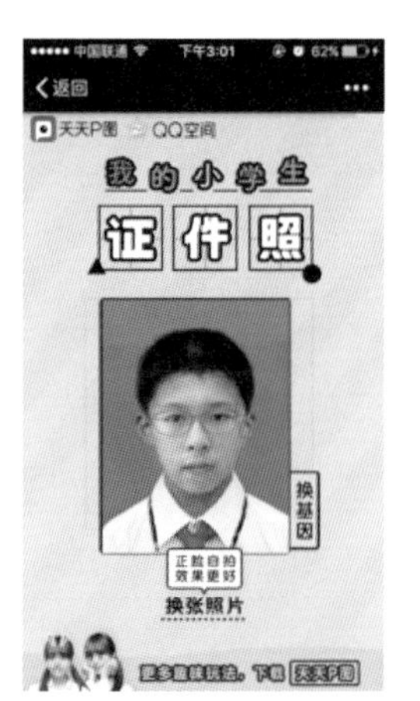

图 2-49　通过后台处理照片

而在《FAST 寻找 ET》中（图 2-50），鉴于 FAST 是太空望远镜，我们通过 3D 技术以全景建模的形式，突出其空间探索的可能。

图 2-50　通过 3D 技术展示空间

而在《七夕鹊桥会》中（图 2-51），因为策划和恋人有关，所以设计了双屏互动。

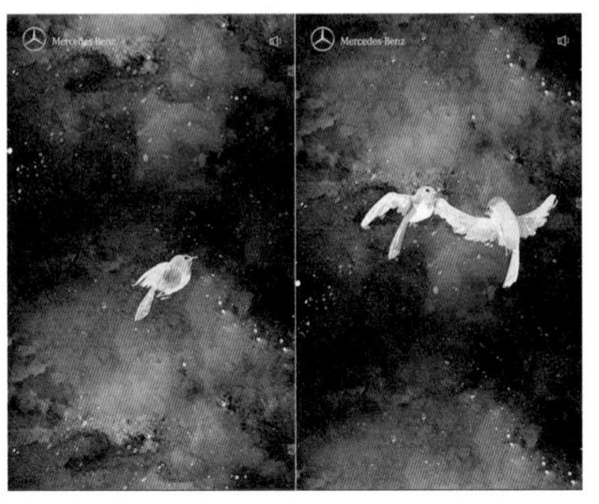

图 2-51　通过后台匹配，进行双屏互动

技术类策划有利有弊。大家在设计这类 H5 之前，首先要了解团队的技术开发能力，一定注意开发成本以防延误上线。其次，新技术往往涉及新的交互形式，要做好充分的用户引导。

2.4 策划评估 3：任务——是否提炼出核心任务

前两节我们明确了策划的核心动机和展示类型，下一步我们要做的是找到主要内容和明确目标人群，将二者结合才能找到策划重点，提炼出核心任务。这也能作为设计交互流程的有利依据。

首先是明确主要内容。我们需要将所有涉及的内容进行整理并按照优先级列出关键词。内容可以包括运营内容、用户操作上的重点流程等。本节举一个例子说明。

策划者想做一个二次元应援投票活动。该活动是一个主盛典活动的分支，要在投票活动中曝光主盛典。为了吸引用户投票分享，策划者还加入了抽奖环节。结合以上内容，我们将关键词列出来：二次元、大触、投票、主盛典、抽奖。

其次是明确目标人群。这是交互设计中最重要的原则之一，了解目标用户是谁，这会帮助我们做出正确的决定。本次策划的主题是应援，我们明确了目标用户就是二次元爱好者，还有这些被投票者的粉丝。我们需要罗列出目标人群所喜爱的东西，例如漫画、偶像、鬼畜等关键词。

在完成了上面两点后我们来看如何将二者结合提炼核心任务。我们先看一下之前策划者提出的方案：

策划主题为“仙界浮岛”，四座浮岛环绕一座仙宫。每座浮岛在云海中上下起伏，上面站着 3 至 5 个小人。仙宫是中国风楼宇，飞檐，挂着牌匾“老歪脖子树殿”。门前有个水晶，闪闪发光，视觉突出，吸引用户点击。点击一个浮岛，会将该浮岛拉近至用户面前，占满屏幕。

浮岛成倒锥形，地面上有一个魔法阵，隐约可见，表示该浮岛被封印。浮岛被一个半椭圆的气层罩住，大触被困在浮岛中……

初看到这些文案我们觉得想法很好。但是经过推敲发现，策划没有结合主要内容和目标人群进行设计，只是凭空想象。我们不能这样漫无目的地想象，而应该缩小范围让核心任务更加明确。

不妨使用前面章节中所提到的白三角设计方法（图 2-52），将主要内容和目标人群喜欢的东西直接拼在一起做配对，有范围地激发想象力。配对方法很简单，将两边的关键词直接拼在一起，不用考虑先后顺序。例如应援弹幕、鬼畜应援、校园抽奖、漫画盛典等。

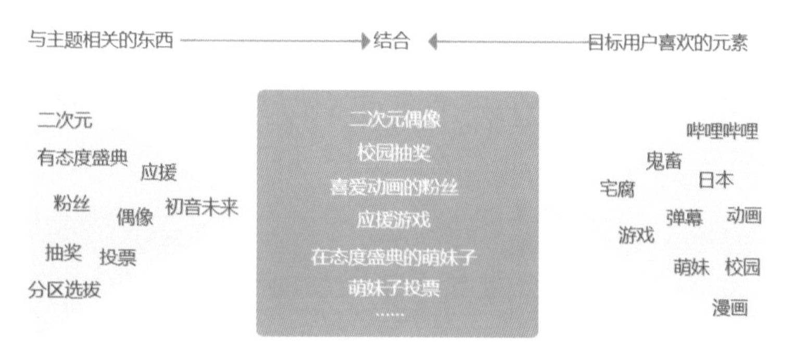

图 2-52　白三角示例

最终经过筛选组合和讨论，我们决定将场景设定为校园。校园活动要结合抽奖投票盛典，又得结合二次元内容，所以最终我们决定将原主题“仙界浮岛”变为更符合核心任务的“学园祭”主题。视觉风格也定为校园清新漫画风。

这里明确了用户的两条核心任务：①找到大触 - 投票 - 抽奖；②分享链接 - 获得更多投票；同时明确了设计者的任务：①在抽奖环节曝光主盛典；②在分享链接体现个性化诉求。

2.5 策划评估 4：交互——交互方式与策划是否匹配

在明确了主要内容、目标群体和核心任务后，需要更具体地展开设计。接下来我们要设计的是用户的每一步操作。需要注意以下几点：

- 操作要将核心任务关联起来。
- 交互一定要简单清晰。

首先看第一条，操作与核心任务关联。我们的理想情况应该是交互方式和策划有逻辑上的联系，这样让用户不会感受到自己的行为经过了设计，而是本能地完成操作。切记不要生搬硬套一些交互形式，举一个例子说明此点。

如图 2-53 所示，《跟贴比新闻更接近真相》是一个展示型幻灯片类的策划，其中我们做了一个时光机飞行的设定。幻灯片类 H5 最常用的翻页交互就是下划，但由于有时光机的设定，我们希望让用户感觉到时光穿梭感，所以最终决定使用双指放大的交互。

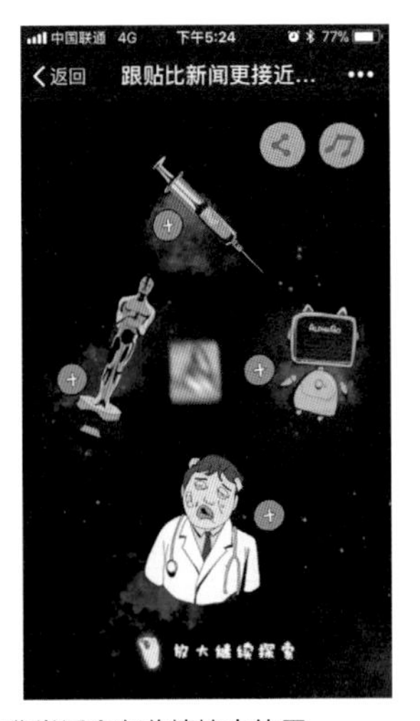

图 2-53　双指放大手势非常适合在此情境中使用

这种交互通常用在图片放大，这里则结合动效的缩放位移，给用户一种穿越时空的感觉，还能有一种逐步接近真相的探索感，双指放大手势的交互就非常符合此刻的情境。

要点：交互没有好与坏的分别，只有是否符合当下的使用环境。

下面举一个例子说明第二条交互简单清晰的重要性。还是拿上一节的“仙界浮岛”为例，其中关于投票的交互，策划者描述如下：

> 唱见岛上是一片樱花林，5 位大触分别站在树下，或者坐在树梢上。点击树叶为他投票，投票后樱花瓣上下飞舞。
>
> 游戏岛上插着一把重剑，露出小部分剑锋，剑锋和剑柄上缠着铁链。5 位大触站在剑前面。在铁链处滑动为他投票，投票后铁链晃动……

可以看到，这种花哨的交互方式有两个问题，第一是细节的开发成本太高；第二是本末倒置，让用户迷失在眼花缭乱的动效中而干扰了核心任务。我们需要设计出刺激用户投票的交互，例如露出当前投票数作为对比，激发用户投票的热情，而不是动效细节的堆砌。

从图 2-54 中能看出，我们在投票界面采用了最简单的交互方式，突出了投票按钮，保留了适当的反馈。这里的主要任务还是让用户记忆投票流程，更持久地完成投票操作。

要点：内容需要展示越多，交互方式越应该简单清晰。不要出现用户信息过载的情况。

在 2.11 节中还总结了一些常见交互在实例中的应用，供大家参考。

图 2-54　交互尽量简单清晰，突出核心任务

2.6 策划评估 5：原则——是否符合移动端的交互原则

2.6.1 简化层级，结构扁平化

结构扁平化也是交互设计在移动端上常用的手段。任务层级越浅的产品，反而越能引导用户看到更多内容。移动端由于设备本身的限制，没有足够的空间来展示路径，如果没有清晰的层级关系，或者需要进入层级更深的页面才能找到用户想要的，这意味着用户会迷失方向，这时更应该做的是减少层级的深度。下面我们介绍一些办法减少层级。

1）内容并列

我们可以设置导航，通过切换导航控制内容切换。以图 2-55 所示的《国足生死战》为例，点击“中国胜”“平”“中国负”三个按钮，可以在当前页中部切换对应内容。这样省去了再打开新页面的层级，简化了结构。

图 2-55 《国足生死战》中利用切换，展示更多内容

我们还可以通过滑动屏幕，实现切换内容。图 2-56 所示的《72 小时当代修行计划》就是通过左右滑动切换内容。

图 2-56 《72 小时当代修行计划》中的左右滑动切换内容

2）快捷方式

举一个最常见例子：iOS 的控制中心（图 2-57）。在任意界面只要向上滑动，就能唤出一个浮在界面之上的快捷菜单，用户可以快速唤起常用操作。

图 2-57 iOS 11 的控制中心

3）浮层弹窗和模态页面

浮层弹窗和模态页面设计在移动端也大量被使用。这种交互方式能够简化产品结构层级，因为弹窗和模态页面设计不能算打开一个新页面，而只是在当前页面展示额外内容。以图 2-58 所示的《心灵复苏大保健》为例，点击中心图片后会弹出半透明模态化的介绍信息页，这样既展示了内容详情，又没有打开新的页面而增加层级。

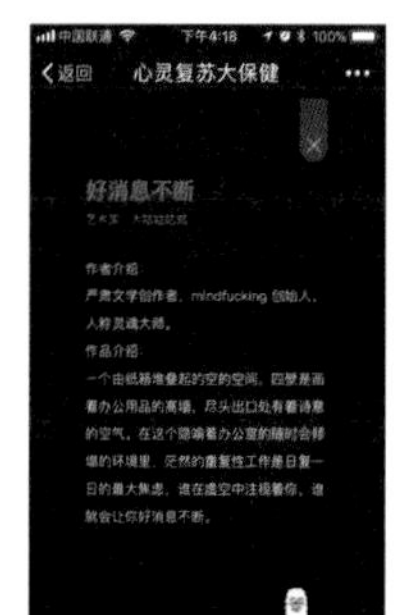

图 2-58　《心灵复苏大保健》中的模态化信息页

4）显示关键信息

如图 2-59 所示，在“选择影院”这个界面中除了显示出影院名称，还显示出了“最低价”×× 元起以及余下场次，还有是否可以购票这些关键信息。

图 2-59　选择影院买票的页面

这里结合场景考虑，用户既然点了“选座购买”，那用户的购买欲应该是很强的，这样在这里显示出的关键信息，就能使得用户在选择影院的同时也能看到最低价，不用再挨个影院点进去看了，也能加快购买效率。

5）减少点击

以图 2-60 所示的《二零一六年娱乐圈画传》为例，这个 H5 采用一镜到底的表达方式，用户通过长按按钮来控制阅读节奏，大量丰富的内容只通过一个按钮便能轻松展示。

图 2-60　《二零一六年娱乐圈画传》中的长按按钮

从上面的例子可以看出，层级结构减少，交互步骤也会减少，这无疑让用户的使用效率得到了提高。

2.6.2　降低阅读门槛，减少认知成本

减少认知成本可以通过以下方法实现。

1）单页面操作单一化

单页面操作单一化是指减少用户在单页面上完成的任务数量。我们需要用户快速完成对H5 的浏览，不能让用户有丝毫的迟疑继而放弃阅读。每一个页面只让用户有唯一的操作，这样能够减少用户认知，加快阅读速度。

以图 2-61 所示的《国足生死战》为例，这个 H5 的操作任务较为复杂，首先需要选择支持球队，然后要选择赌注和挑战宣言，最后要告知用户长按保存图片。由于步骤较多，我们选择增加页面，让每一步操作单一化。

图 2-61 《国足生死战》中单页单步操作

2）多页面操作一致化

多页面操作一致化，即在每一个环节尽量统一操作形式，便于用户记忆。操作的一致性也是交互设计中的基础原则之一，在 H5 设计中同样适用。因为 H5 是在极短的时间内操作，操作一致会大大降低用户的认知成本。

同样以《跟贴比新闻更接近真相》为例（图 2-62），我们根据穿越时空这个场景设定，设计了使用双指放大手势进入下一页，点击按钮查看当页详情；每页统一的手势非常便于用户的记忆和理解。

图 2-62　《跟贴比新闻更接近真相》中统一的页面切换手势

3）通过拟物化设计减少用户认知成本

图 2-63 的《UC・陪你看不孤单》截图中，模拟了老式诺基亚手机的样式，用户只有点击手机的接听按钮才能完成操作。这就是一种直观的拟物设计，不但很好地引导了用户操作，还增加了很多趣味。

图 2-63　《UC・陪你看不孤单》中的老式诺基亚手机

4）利用手机传感器，让交互更自然

模拟现成的客观物理规律能大大降低用户认知，还能为策划增添趣味性。手机在硬件上

给出了很多技术发挥的可能性，可增加用户的代入感。以图 2-64 的 H5《虐死强迫症》为例，利用手机重力传感器，水平面可根据用户倾斜手机的角度而倾斜。

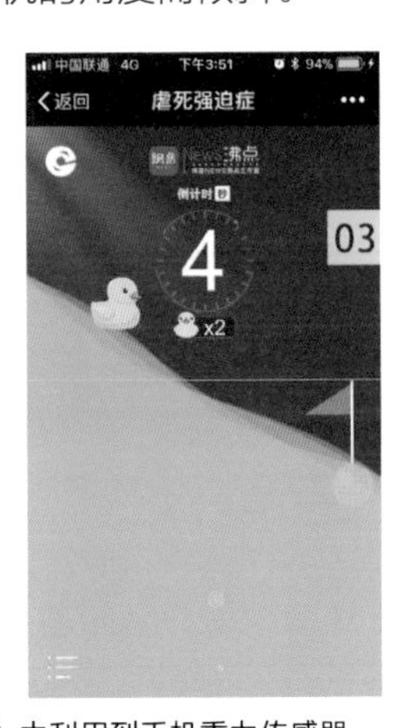

图 2-64　《虐死强迫症》中利用到手机重力传感器

2.6.3　H5要注意分享属性

在第 1 章中我们讲到 H5 是为了更好地传播而生，所以我们必须考虑 H5 的分享和回流。首先来看分享，我们总结了几点可以促进分享的方法：

- 在结果中带有一定社交属性。
- 分享后会直接获得奖励。
- 产生心理共鸣，击中用户。
- 用户获得了成就感，要晒给大家看。

首先看社交属性。沟通永远是人们最大的需求之一，如果设计出让用户直接产生社交行为的策划则是最佳方案。在图 2-65 的例子《国足生死战》中，用户必须将 H5 分享出去邀请好友来一起完成任务，这是最佳的分享机制。

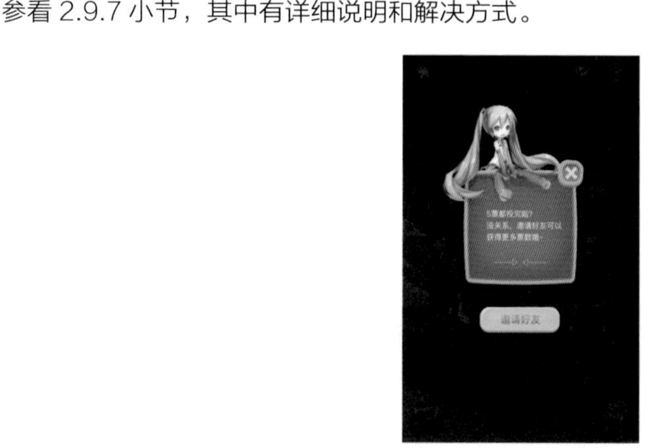

图 2-65　《国足生死战》中强烈的社交属性

其次我们看获得奖励，即通过分享获得直接奖励来刺激用户分享。例如，我们做过一个为偶像投票的 H5《有态度学园祭》（图 2-66），设计的规则是用户每分享一次 H5 则获得额外 5 次投票机会。不过这里千万要注意微信平台对于诱导分享做了很明确的处理办法，请参看 2.9.7 小节，其中有详细说明和解决方式。

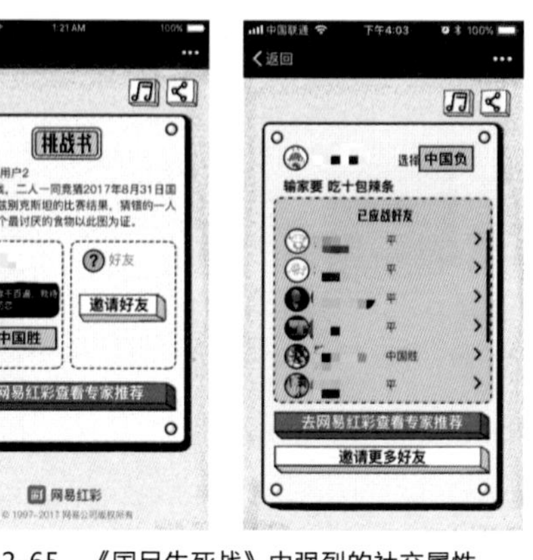

图 2-66　分享 H5 可以获得额外票数

然后是策划本身的情感共鸣非常强大，让用户不得不分享。例如 H5《纪念哈利·波特 20 周年》（图 2-67），用户如果是真正的哈利·波特迷，看到 20 周年纪念策划，一定会有强烈的分享欲望，转发出去表达自己的情感。

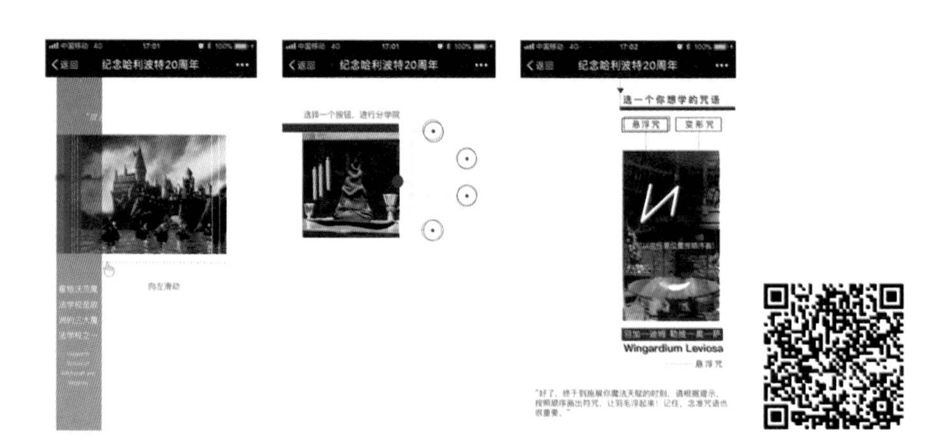

图 2-67 《纪念哈利·波特 20 周年》中哈利·波特迷都知道的情节

最后是用户在 H5 中获得了成就感。例如《我为新时代建设添砖加瓦》（图 2-68）中，用户通过小游戏获得了高分成就，就会想通过分享证明自己的实力。

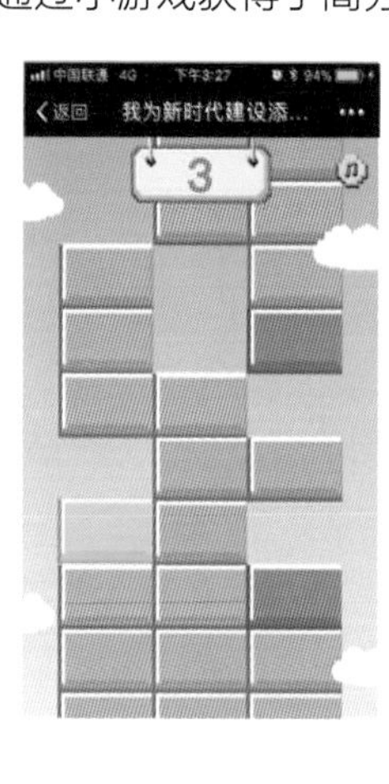

图 2-68 成绩是用户分享的动力之一

然后我们说说回流。回流链接由标题、简介、配图组成，这三个要素也可以有很多文章可以做。我们总结了一些增加回流的方法：

- 充分发挥社交属性，打造个性化分享链接。
- 善于利用热点和流量点。

首先说充分发挥社交属性。可以通过获取用户的头像和用户名，并将其放到分享链接的标题、简介和配图中，来吸引社交圈的回流。例如图 2-69 的例子《我要上头条》，用户在 H5 中输入自己的姓名、性别，就会在分享连接中有直接的体现。

图 2-69　用户选择性别并输入姓名后将拼成一个头条标题

然后要善于利用热点。例如情人节当天网易推出的《爱的不同定义》H5（图 2-70），用户通过连接 5 个点画出专属图形后将链接分享出去，文案和配图也不同。

图 2-70　通过跟随热点增强传播效果

2.6.4　一定要注意额外规范

新技术发展迅速，一些新技术出现时也会有其新的规范。我们如果要做 VR、AR 或全景类相关的 H5，就要注意其普遍规范。如使用标准的 VR icon 去切换全景和 VR，使用标准的等待按钮交互等。我们按照谷歌的 VR 规范文档，整理了一些基本规则，在这里简单做一下分享。

1）避免晕动症，保持头部追踪

什么是晕动症？晕动症是当你的眼睛移动时身体却没有动，这样就会产生一种心理落差，从而产生恶心不适，就叫晕动症。VR 技术给我们引入了一种新的生理范畴的维度，在做 VR 类设计时首先要了解这个基本规则。

如何避免晕动症？那就是要保持头部追踪（图 2-71）。头部追踪可以让虚拟空间中的物体固定位置，不管你怎么移动头部，虚拟世界会围绕着你。如果你向前或向后移动，则 VR 场景也应跟随头部位置移动。千万不要在移动中停止追踪，哪怕短暂的暂停都会使用户感到不适。

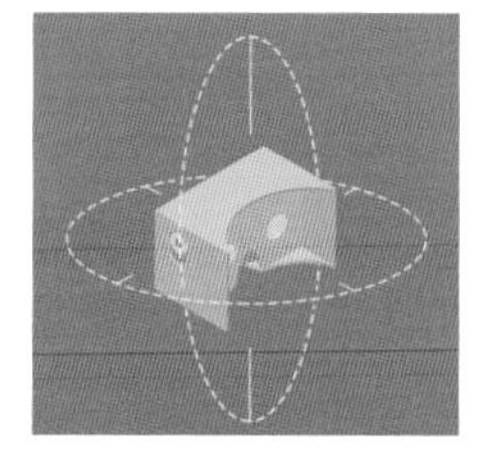

图 2-71　保持头部追踪，避免晕动症

2）注意亮度变化

由于屏幕离用户的眼睛非常近，将用户从一个黑暗的场景移动到明亮的场景中可能会造成不适（图 2-72）。所以亮度要渐变，而不要突然变化。还可以通过亮度强弱渐变，表示当前处在加载阶段。

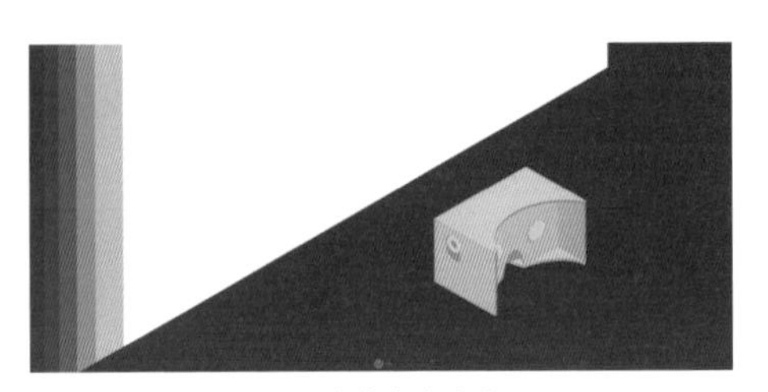

图 2-72　注意亮度变化

3）VR 中的常用交互手段

用户手边可能没有直接操作的手柄，以谷歌 Cardboard 设备为例，用户需要将手机放置在 VR 设备中去观看。由于手机已经插入到眼镜中，造成用户不能直接点击手机操作，那么常用的开始、确认、选择这样的交互行为应该怎样触发？

可以换一种全新的交互形式，即创建一个带有倒计时器的触发按钮。用户通过将画面中心的对焦点聚焦在按钮上一段时间后触发操作。这种按钮在 VR 应用中越来越常见（图 2-73）。

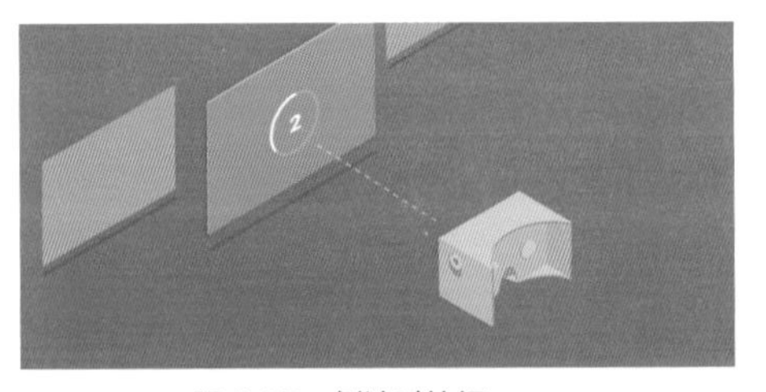

图 2-73　倒计时按钮

有两点需要注意：①倒计时不要设计太长，3~5 秒足够，长时间的等待会使用户失去耐心。②按钮的位置要明确，VR 场景中触发按钮一定要和周围的场景有明显区分，让用户知道聚焦之后是可以触发动作的。并且按钮之间距离不要太近，以免误触。

4）VR 场景中声音反馈优先于文字

在 VR 中用文字并不能很好地传达意思，文字在 VR 世界中太小且不易读，往往给用户

在虚拟环境中造成过多的视觉信息负荷。我们可以考虑通过声音为用户提供说明，声音同文字说明一样，简洁很重要。

VR 意味着身临其境，用户往往需要佩戴耳机。我们可以使用环境声音让应用感觉更加真实，将用户的注意力引导到周围环境，甚至不用环顾四周就能明白自己身处的场景（图 2-74）。

图 2-74　声音很重要

5）使用十字线瞄准辅助操作

当你设计的界面中有较小的按钮或者物体需要操作时，可以为用户提供十字线辅助瞄准（图 2-75）。如果十字线会减少沉浸感，或者增加了不必要的视觉干扰，请遵循下面两点原则：①在用户接近触发目标的时候，再展示十字线。②在用户需要瞄准的对象上投射一束光源，或者设计一个明显的悬浮状态，让按钮看起来不一样。

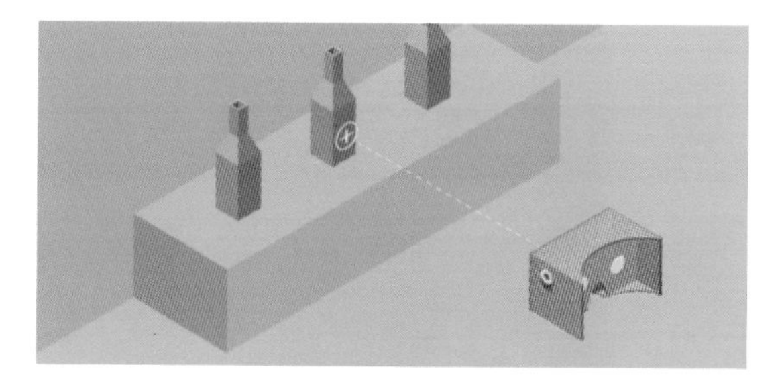

图 2-75　十字线瞄准

以上是根据谷歌 VR 规范提炼出来的一些基本原则，更详细的内容大家可以去谷歌官网查看[①]。

让我们总结一下以上 5 节策划评估的内容（图 2-76）。

策划评估阶段

动机 → 框架 → 任务 → 交互 → 原则

图 2-76　策划评估阶段总结

首先，我们要让用户有“上瘾”的动机，文中引入心流理论来控制 H5 的节奏，引入 Hook 理论来引导用户，让用户浏览 H5 的过程变得连续且不断循环促进。

第二，在心理基础之上要根据策划内容选择一个合适的交互框架，即找到一个符合策划主题的展现形式，文中推荐了三种：展示型、引导型和操作型，并且针对不同类型给出了相应的设计指导。

第三，在有了交互框架后，需要解决各方痛点并提炼核心任务，为下一步交互设计提供依据。

第四，根据目标人群和核心任务，确定最合适的交互方式，要符合当下的使用情境，并做到简洁、清晰、易懂。

最后，要基于移动端的交互原则整体把控 H5，包括基础原则和新平台、新技术的原则，不能生搬硬套。

① https://designguidelines.withgoogle.com/cardboard/designing-for-google-cardboard

2.7 产出 1：界面落实

经过以上章节，我们明确了要做什么，接下来进入界面落实阶段，也就是具体怎么做。这个环节非常考验交互设计师的基本功，要求产出交互稿、跟进项目。交互稿的产出可以分为两个要素，一个是快，一个是细。

2.7.1 快

快，就是说尽量快地完成整个环节，为后面视觉设计和开发节省时间。H5 策划往往要追时下的热点或者推广某次活动，时间比较紧迫，最好不要在交互阶段耽搁太长时间，尽量将时间留给后面的视觉设计和开发测试。如果我们要设计一个逻辑比较复杂的 H5，可以先做一个完整的流程图让所有人审阅，尤其是开发人员，他们可以提前预估工作量。

流程图的示例如图 2-77 所示，我们需要写下尽量完整的流程，帮助所有人快速梳理本次策划的逻辑。每一个方格代表一个页面，菱形代表该页面要进行的逻辑判断。页面之间可以表明加载点、提示点、动效点、操作点、跳转逻辑等内容。这个流程图能够快速让大家对本次策划有个整体的逻辑概念。

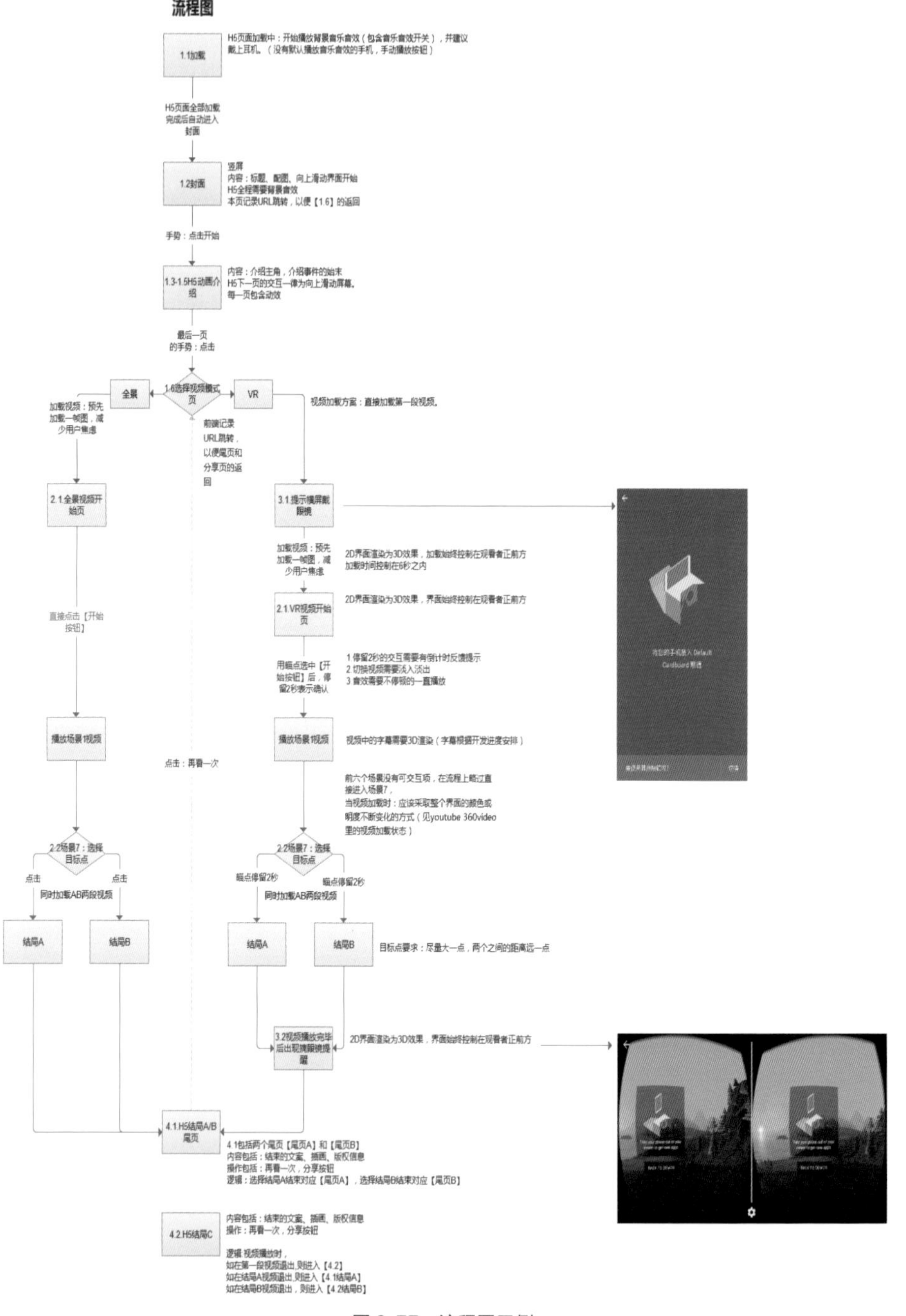
流程图
1.1加载
H5页面加载中：开始播放背景音乐音效（包含音乐音效开关），并建议戴上耳机。（没有默认播放音乐音效的手机，手动播放按钮）
H5页面全部加载完成后自动进入封面
1.2封面
竖屏
内容：标题、配图、向上滑动界面开始
H5全程需要背景音效
本页记录URL跳转，以便【1.6】的返回
手势：点击开始
1.3-1.5H5动画介绍
内容：介绍主角，介绍事件的始末
H5下一页的交互一律为向上滑动屏幕。
每一页包含动效
最后一页的手势：点击
1.6选择视频模式页
全景
VR
视频加载方案：直接加载第一段视频。
加载视频：预先加载一帧图，减少用户焦虑
前端记录URL跳转，以便尾页和分享页的返回
2.1全景视频开始页
3.1提示横屏戴眼镜
加载视频：预先加载一帧图，减少用户焦虑
2D界面渲染为3D效果，加载始终控制在观看者正前方
加载时间控制在6秒之内
2.1VR视频开始页
2D界面渲染为3D效果，界面始终控制在观看者正前方
直接点击【开始按钮】
用瞄点选中【开始按钮】后，停留2秒表示确认
1.停留2秒的交互需要有倒计时反馈提示
2.切换视频需要淡入淡出
3.音效需要不停顿的一直播放
播放场景1视频
视频中的字幕需要3D渲染（字幕根据开发进度安排）
点击：再看一次
前六个场景没有可交互项，在流程上略过直接进入场景7，
当视频加载时：应该采取整个界面的颜色或明度不断变化的方式（见youtube 360video里的视频加载状态）
2.2场景7：选择目标点
点击
同时加载AB两段视频
瞄点停留2秒
结局A
结局B
目标点要求：尽量大一点，两个之间的距离远一点
3.2视频播放完毕后出现摘眼镜提醒
2D界面渲染为3D效果，界面始终控制在观看者正前方
4.1.H5结局A/B尾页
4.1包括两个尾页【尾页A】和【尾页B】
内容包括：结束的文案、插画、版权信息
操作包括：再看一次，分享按钮
逻辑：选择结局A结束对应【尾页A】，选择结局B结束对应【尾页B】
4.2.H5结局C
内容包括：结束的文案、插画、版权信息
操作：再看一次，分享按钮
逻辑：视频播放时，
如在第一段视频退出，则进入【4.2】
如在结局A视频退出，则进入【4.1结局A】
如在结局B视频退出，则进入【4.2结局B】

图 2-77　流程图示例

2.7.2 细

下面谈谈交互设计师最常交付的交互文档，其可以跟流程图一起交付给大家。在交互文档中，关键字就是“细”。只有尽可能详尽描述每一个界面所需元素、位置、页面跳转逻辑等，才能让所有参与者清晰直观地了解每个界面的情况，在较为高保真的原型下发现问题，并及时调整策划。

交互文档在这里主要起两个作用，第一是便于所有相关人员了解自己要做哪些工作，例如策划人员需要补充哪些文案；视觉设计师需要完成多少页面和元件；开发人员需要多少工期等。第二是将交互文档作为档案，所有相关人员确认本次交互方案后，在最后的交互走查阶段，将以此文档作为依据进行走查。如有细节变动，应该更新此文档并通知相关人员。

常用的交互文档是以页为单位，以图 2-78 为例，在交互文档中需要展示的内容包括：每个页面的名称；每个页面里包含的所有元素以及它们的具体交互方式；每个页面所需要的交互手势、点击位置、跳转逻辑、动效、加载位置等。

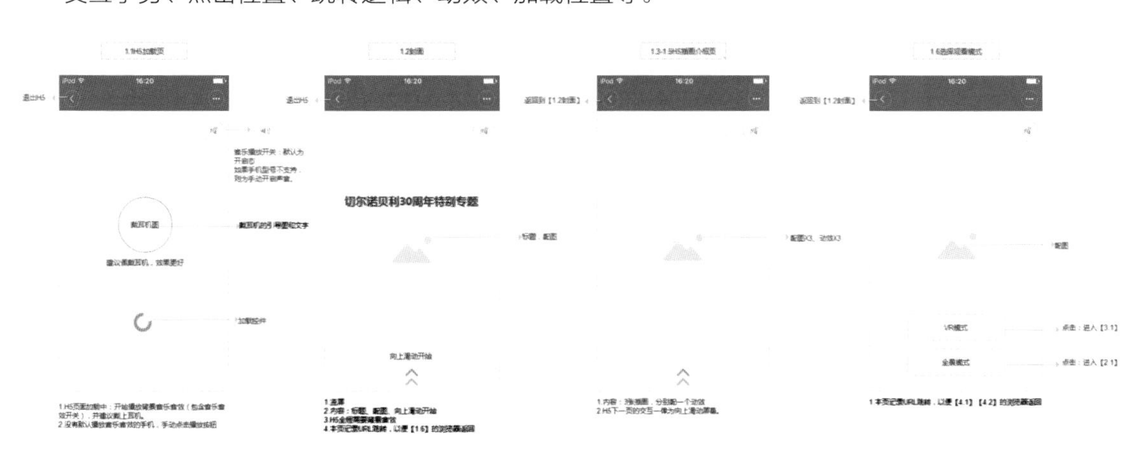

图 2-78 交互文档示例

2.8　产出 2：完善细节

2.8.1　关于分享控件与回流入口

一个 H5 中的很多细节都有优化的空间，例如在微信中的分享控件，没有设计的话可能就用文案直接说明点击分享。但是这个浮层也可以加入 H5 主题的元素，如下面几张分享浮层图（图 2-79），都是采用和策划一致的设计增加动效引导，促进用户分享的意愿。

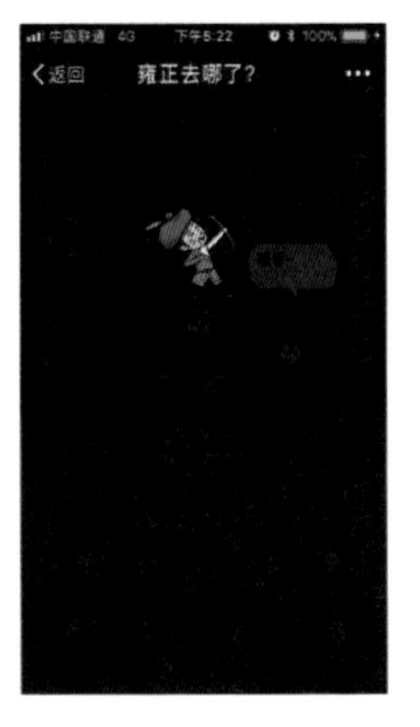

图 2-79　分享的一些示例

第二个要注意的细节，是分享的回流入口设计。微信或者微博的分享中包括封面、标题文案和摘要文案。我们可以根据分享出去的不同链接，匹配不同的封面和文案，如图 2-80 所示。

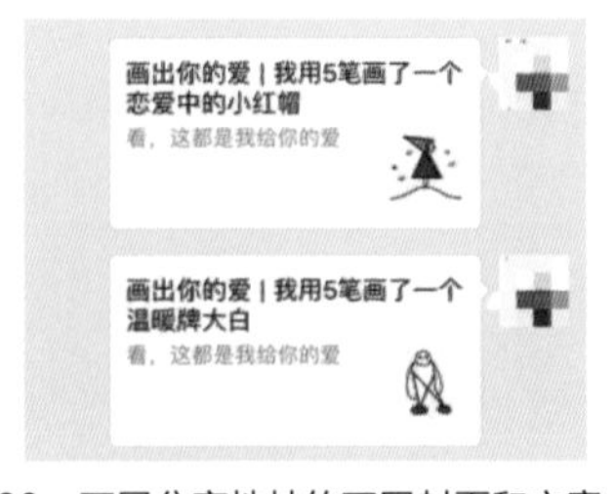

图 2-80　不同分享地址的不同封面和文案

2.8.2 文案配合专题

H5 的文案也有优化的空间。例如在 H5 最后一个页面，一般都会有分享按钮、回流按钮和查看详情按钮。如果只用“分享”“查看详情”这样的文案，虽然解释了意义，但是缺少一些趣味性，过于生硬。

如图 2-81 所示，左图中将“查看详情”的文案变为“暗藏玄机”，将“再来一次”变为“再求一签”，更加贴合策划主题。而右边这个例子中，将“开始”变为“上朝”，将“分享”变为“传旨”，同样更加贴合策划主题，让整个策划生动有趣。

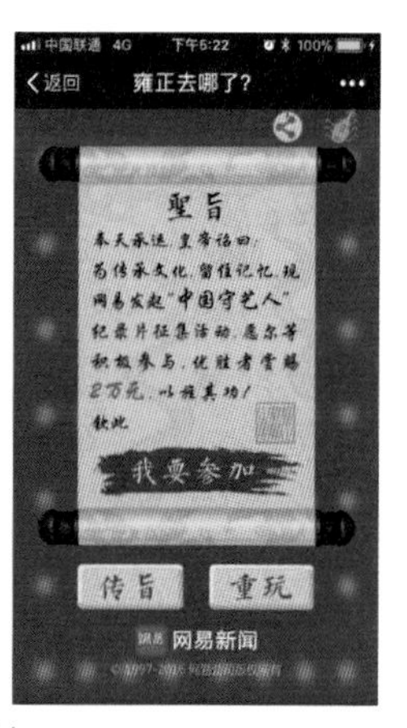

图 2-81 结尾页的一些文案示例

另外，我们还可以通过优化背景音乐和音效为 H5 加分。如为动作类 H5 配紧张的音乐、为按钮配备点击音效、为答题结果增加颁奖音效等。

2.8.3 适当的提示

要注意手机横竖屏锁定问题。如果我们设计了一个竖屏 H5，手机横竖屏没有锁定，则用户横屏后画面只能看到一部分。又或者默认设计了横屏 H5，但用户一般都是竖屏观看。

要规避这类问题，就应该在用户做出错误观看模式情况后，给出必须竖屏或横屏观看的提醒，如图 2-82 所示。

图 2-82　横竖屏后的提醒示例

有些H5，使用了非常规的交互手段，我们要做好交互提醒。例如在《王三三的生活用品店》中，我们使用了简单的动效引导，让用户跟随指示进行操作（图 2-83）；在《头条者联盟》中，引导用户向左滑动（图 2-84）。

图 2-83　展示过程中的手势提醒

图 2-84　开始前的手势提醒

2.8.4 H5的返回设置

有一种情况，是用户在某一个内容详情页将 H5 分享出去。那么从外部分享链接点进来的页面，不是首页而是这个内容详情页。这种情况下，我们需要在详情页设置一个返回首页的设置，这样用户在看完详情页还能回到首页查看其他内容。

例如在《开颅计划》（图 2-85）中，如果用户通过外部链接进入详情页，则微信导航栏中的“返回”是不能返回到首页的，所以必须设置“返回首页”按钮。

图 2-85　从外链进入左图界面，点击“返回首页”回到右图首页链接

2.8.5 H5的分段设置

我们认为 H5 最好是在 10 页之内展示所有内容，但是并不能排除大体量策划，页数甚至到 20 多页，这种情况必须做分段设置。最简单的办法就是设置目录。例如在《一个美国，两种未来》（图 2-86）中，由于页数过多有 20 多页，我们增加了目录设置，用户可以快速定位到感兴趣的章节。

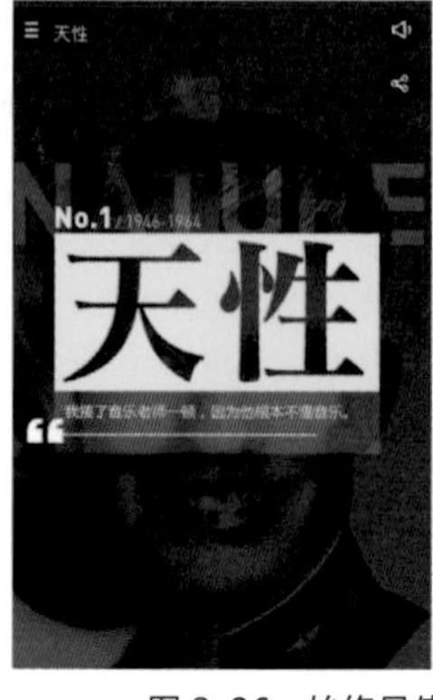

图 2-86　始终悬停在页面左上角的目录

2.8.6　增加彩蛋

在策划中适度增加一些彩蛋，能够大大提升策划的细节完成度，提升用户对 H5 的好感度，这也是情感化设计的一部分。举几个例子，我们看策划《雍正去哪了？》（图 2-87），用户操作人物在画面移动过程中，后面场景里的人物并非 NPC，但是点击之后还是会有相关对话出现。

图 2-87　点击过场人物均有对话出现

而在案例《揪出“假”妹子》（图 2-88）的封面中，往常切换下一页手势都是往下滑动，但在这里，当用户往上滑动的时候增加了一个让男孩露出本来面目的动效，增加了趣味性也符合策划主题。

图 2-88　抓住裙子向上滑动后的彩蛋

案例《送新春祝福》（图 2-89）中，由于上线时间靠近春节，所以我们在通关后设计的反馈是获得对联和福字，呼应过年的喜庆气氛。

图 2-89　过关后能获得对联和福字

2.9 产出 3：沟通跟进，绕坑而行

下一个阶段就是视觉设计，接下来是动效制作。我们在提出概念阶段就要决定，策划应该采用什么视觉风格；也应该结合 H5 的大小，判断需要做扁平风格或者写实风格。在这里必须要说的是，视觉设计应该先完成一个主视觉，例如 H5 层面或者主要页面，让参与人员确认。策划人员也可以提前找到一些自认为比较合适的风格参考或者跟本次策划相关的场景、人物图片给到视觉设计师，提前达成共识，避免不必要的返工。

在视觉设计的基础上增加动效，已经是最常见的 H5 表现手段。增加动效能够大大提高页面完成度，例如能增加页面转场的流畅度、能做视觉引导、能增加趣味性等。制作动效时要注意，输出的动效文件不可过大，能通过代码实现的动效不要使用雪碧图；能使用雪碧图的，不要使用 GIF。

在本书后面的部分，将会详细向大家介绍视觉设计和动效设计的相关内容，大家可以直接查看。

了解了界面落实阶段后，下一个阶段就是技术沟通。在策划的前期，我们就应该邀请技术人员参与，或者提前向他们咨询一些相关技术问题。特别是在涉及一些技术不太好实现的策划，一定要提前联系技术人员，请其尽早对 H5 进行技术评估，给出建设性意见。

在策划的中后期，可能还会遇到一些问题。例如技术人员认为一些设计不太合理，擅自修改了设计；又或者遇到一些无法实现的技术难点或者动效。这个时候作为交互设计师，要善于跟技术人员沟通。应该多站在用户的立场和体验的角度来跟技术人员讨论问题，而不是陷入主观判断。另外，应该提前就找到一些相关案例或者技术信息，提供给技术人员，让他们有途径了解解决方法。

下面为大家介绍一些 H5 设计中需要注意的事项，确保整个流程顺利进行。

2.9.1 加载与控制文件大小

由于用户的网络环境不固定，H5 的加载时间也不固定。加载是一个 H5 必不可少的环节，

同时也是用户和发布者最不希望看到的环节。

页面打开时间和用户流失数量成正比，即用户等待时间越长，越想离开页面。在网页时代就有研究表明[①]：实验中人能感知到的视觉印象的最短时间是 0.05 秒，真实环境中 0.1 秒是一个时间界限，在 0.1 秒以内的反馈，用户会认为是实时的。

如图 2-90 所示，用户在 0.1 秒内打开一个网页，不会认为有加载；超过 0.1 秒到 1 秒以内，用户感受到了加载，但是可以忍受；超过 1 秒到 10 秒以内，用户会产生烦躁的负面情绪；大于 10 秒，用户则会因无法忍受而关掉页面。

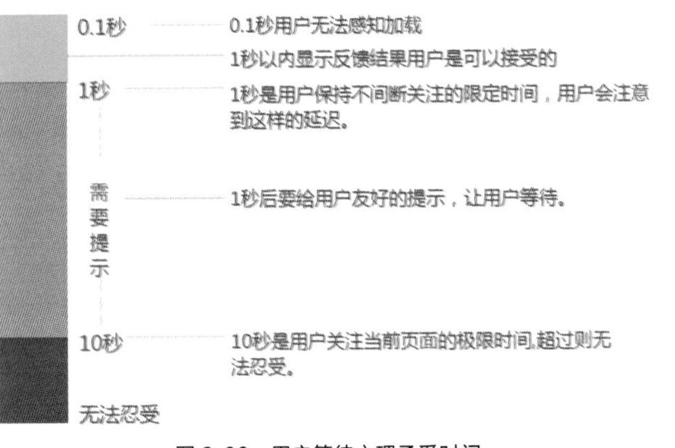

图 2-90 用户等待心理承受时间

该研究发生在 2009 年。随着网络技术升级，在移动互联网高度普及、上网速度越来越快的今天，用户等待加载的耐心只会越来越弱，减少用户等待时间变得尤为重要。在 H5 中有很多方法可以减少加载时间，减小 H5 的文件大小是主要办法之一。一般 H5 的大小建议控制在 5M 以内，用户在流畅的网络环境中可以 1 秒内加载完成。下面有几种方法可以减少 H5 的大小。

（1）图片压缩。PNG 格式的图片，导出时建议使用 PNG-8 格式，颜色位数建议选择 256，大家可以在 PS 的“导出 web 所用格式”中查看（图 2-91）。

---

① https://www.nngroup.com/articles/powers-of-10-time-scales-in-ux

图 2-91　PNG 选项和颜色位数选项

PNG选项中有PNG-8、PNG-24，数值越大体积也越大，PNG-8是可选格式下最小的。就算是在 PNG 格式下，我们还可以调整颜色这个色值，继续缩小体积。如果 H5 中图片数量过多，建议使用 128 位或者 32 位颜色，或者直接使用黑白灰配色颜色位数，体积会减少三分之一到二分之一。

由于 PNG 格式图片是矢量图，手机屏幕一般最大分辨率为 1920 × 1080，所以把尺寸压缩四分之一甚至三分之一然后在前端等比放大，视觉上都是可以接受的。如图 2-92 所示，就是将图片尺寸缩小了近三分之一，肉眼根本看不出差别。

图 2-92　PNG 格式图片压缩前大小 360KB，压缩后大小 63.4KB

如果是 JPEG 格式，我们能调整的就是品质选项。一般品质极限是 60，数值如果再小图片则会出现明显的毛边锯齿（图 2-93）。当然也可以通过等比缩小图片尺寸的方法减少

图片大小。具体情况要导出放在手机上试试看，一定要注意平衡图片质量和体积之间的关系（图 2–94）。

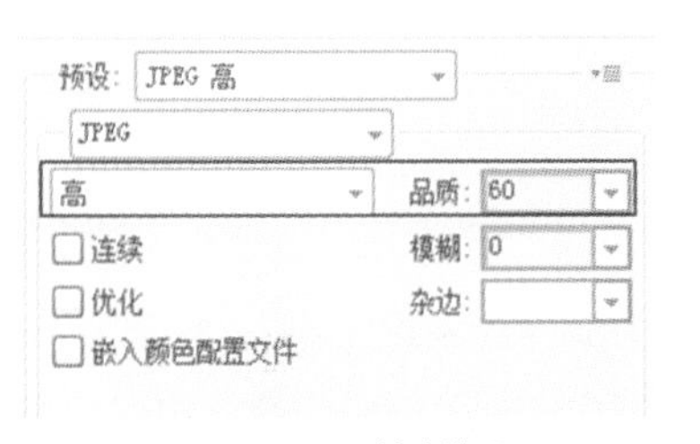

图 2-93　JPEG 输出选项

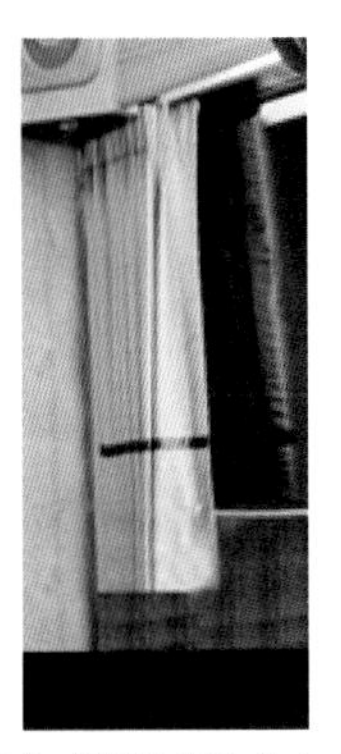

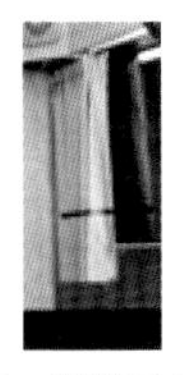

图 2-94　JPEG 格式图片压缩前大小 64.4KB，压缩后大小 14.4KB

（2）文字处理。我们计算过，500 个汉字所占的内存约为 1KB， 而一张文字转曲图片至少 10KB，可见二者有巨大差距（图 2–95）。除非应用特殊字形，我们不建议将文案以图片的形式输出，而是尽量让前端将文案写到代码中，减少 H5 大小。这样做既减少了文件大小，同时修改内容也非常方便。

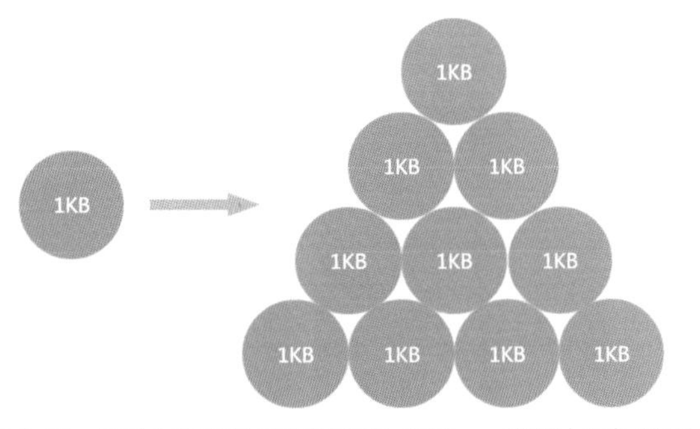

图 2-95　500 个汉字所占的内存约为 1KB，一张图片至少 10KB

一种字体大小约为 4M。 尽量不要使用特殊字体，这同样会影响 H5 的加载速度。H5 逻辑上首先会预加载整个字体，这会大大增加加载时长，文件整体也会大出不少。为了字体而牺牲用户体验造成用户流失，这万万不可。切记尽量保证用户在 1 秒内就打开页面。

在尽量减少 H5 文件大小后，我们还可以针对不同的 H5 设计更好的加载解决方案。

（1）全局加载。即在 H5 的封面之前一次性加载出来全部内容（内嵌富媒体除外），如图 2-96 所示。这种加载方式最常用，优点是在查看 H5 的过程中不再会有卡顿，用户体验流畅；缺点是加载时间略长，当文件过大，在加载时应该提醒用户注意流量。

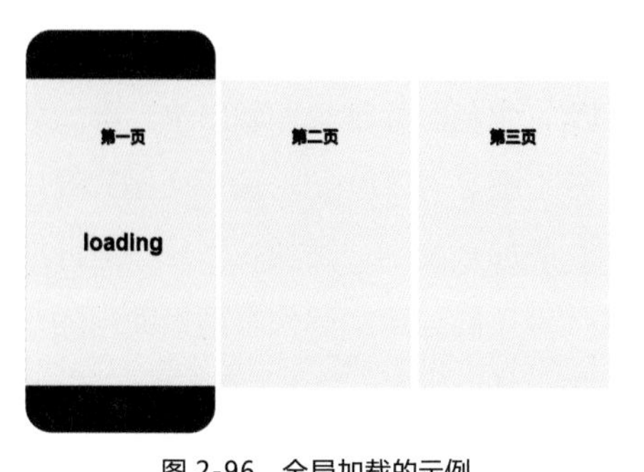

图 2-96　全局加载的示例

要注意的是，当用户在等待加载时，我们要尽量减少用户的焦虑情绪。可以增加有趣的动效、增加完成的百分比等，让用户尽可能等待加载完成。

如图 2-97 所示，加载页利用策划中的核心元素制作成动效加载；图 2-98 则是经典的进度条案例，即在增加百分比进度条的同时，显示微信的网页打开加载条（图 2-99）。这个加载条按照前 70% 快速变化，后 30% 慢速变化的方式，让用户产生心理错觉，认为这个页面已经加载出大部分，再等一下也是值得的。这样做减轻了用户的焦虑。

图 2-97　利用策划中的核心元素制作成动效加载

图 2-98　增加百分比进度条，减缓用户等待焦虑感

图 2-99　微信的网页打开加载条

（2）优先加载。可以按照内容的重要程度，先将主要部分加载出来，再加载次要部分（图2-100）。一般用于图文混排页面中，先加载文字，再加载图片。这种加载方式优点是能让用户尽快看到页面中的一部分内容，减少焦虑；缺点是页面展示不太完整。这种方式目前在H5中应用比较少，在内容非常多的情况下建议使用。

图2-100　优先加载的示例

（3）分段加载。将H5分成若干段落，当用户看到某一段落后再对下一段落进行加载（图2-101）。这种加载方式的优点是能够快速加载一部分内容，减少用户等待时间；缺点是中间会多次出现加载页面，阻断阅读。这种方式非常适合分章节的H5策划。

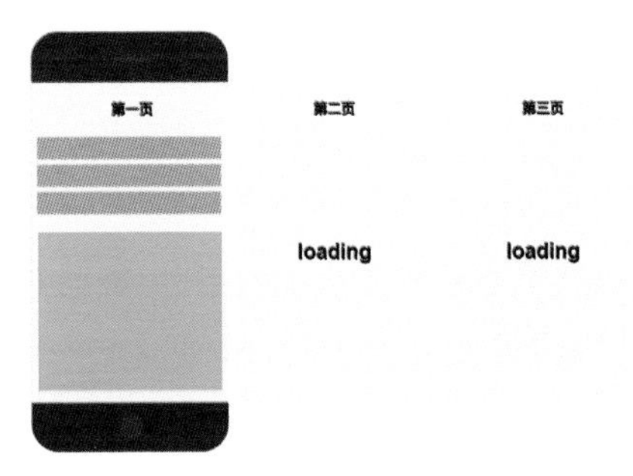

图2-101　分段加载的示例

下面是一个分段加载的案例——网易哒哒的H5《滑向童年》（图2-102）。该策划首先是按照段落设计的，其次每个章节的文件过大，在这里使用分段加载再合适不过。一个章节浏览结束后，点击查看下一个，进行分段加载。

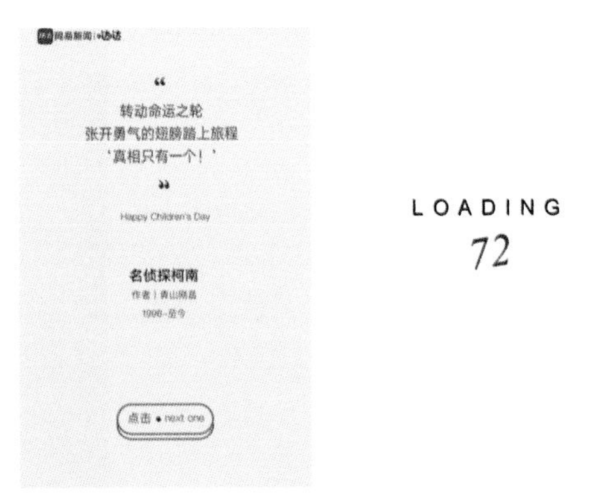

图2-102　《滑向童年》中分段加载的使用

总之，要根据不同的策划，选择不同的加载模式。加载呈现非常重要，用户打开H5的第一反应决定了要不要继续看下去。

2.9.2　避免手势冲突

我们设计的 H5 是否跟平台手势规范有冲突，也非常值得注意。例如在 iOS 系统中，手指从页面最左边向右滑动是返回上一层，如图 2-103 所示。在这个区域内就不应该设置同样的交互，让用户误操作。

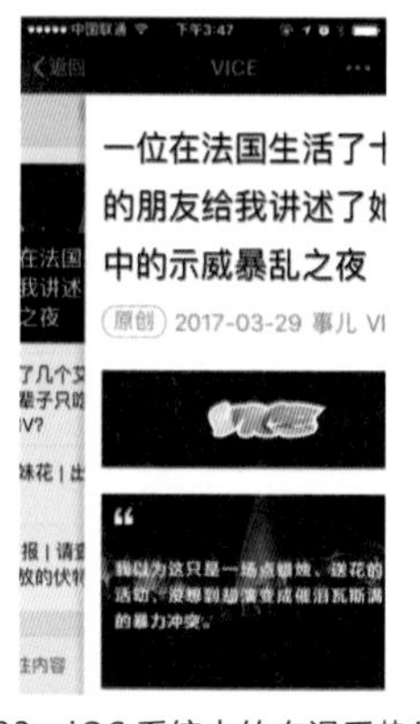

图 2-103　iOS 系统中的右滑手势是返回

2.9.3　输入框

输入框控件在 H5 中支持得不是很好，使用弹出式的输入框会造成页面错位。目前有两种解决办法，一种是页面如果有输入位置，点击后弹出一个单独的输入页面，这样不会有页面错位的问题（图 2-104）；第二种是干脆不设置输入框。这种在产品的 WAP 页非常常用，这样做还能引导用户打开 App。

图 2-104　不要用弹出式的输入框，尽量使用全页面输入框

2.9.4 播放器

播放器控件在 H5 中非常常用。视频播放器在不同的系统情况不太一样，在 iOS 系统中，视频能够自由设置，例如自动播放；但在安卓系统中，有很多 ROM 系统不支持自动播放视频。音频播放器也是一样，安卓系统往往不支持背景音乐播放，所以我们还是要设置音乐按钮以便让用户控制音乐。

视频播放器有几种框架。第一种是全屏播放，除了播放不能进行任何操作。以《头条者联盟》（图 2-105）为例，用户在查看视频时不允许进行操作，但是可以补充一个“跳过”按钮帮助用户快速返回。

图 2-105 全屏播放视频和“跳过”按钮

第二种是将播放器嵌套进页面中，非全屏展示。用户可以点击视频进入系统自带播放器，也可以在页面直接控制。以《致敬上海背后的他们》（图 2-106）为例，用户点击视频播放按钮后，在当前位置会直接播放，可控制进度条，点击全屏后会进入系统自带播放控件。

图 2-106　H5 中的播放器

2.9.5　手机适配（iPhone X）

2017 年 11 月 iPhone X 面世。这类全面屏手机相比之前的手机在设计上有一个最大的不同，那就是屏幕比例变了。我们不能再用之前的比例直接应用到 iPhone X 上。设计时要注意设置好安全区，以防重要信息展示不全。以相同宽度计算，iPhone X 在高度上增加了 145pt。我们可以将这个高度顺延到下方，或者不要将重要信息放在左右两侧 38pt 以内，因为将图等比放大后左右也会损失部分区域，如图 2-107 所示。

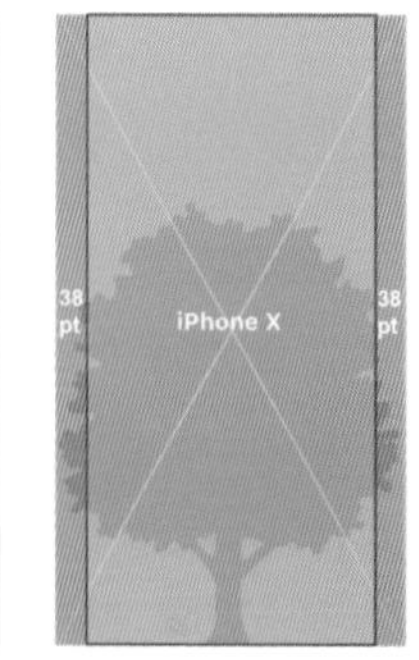

图 2-107　可以将不重要信息向下延长 145pt 或左右留出 38pt 的安全区

2.9.6　其他设备端打开H5

H5 的主要分享硬件还是手机，但是不排除在电脑浏览器打开，或者用平板设备打开。我们一般的处理思路是看这个 H5 在技术上能否支持网页浏览器，例如一般的幻灯片类可以在浏览器中打开。但有一定交互性的 H5 不建议在网页浏览器中打开，我们可以通过前端判断打开的端口，为网页浏览器设置一个扫码页，如图 2-108 所示，引导用户用手机扫码观看。

图 2-108　PC 浏览器打开 H5 需要增加扫码页面

2.9.7　微信诱导分享

最后要注意的是针对微信诱导分享的问题。大家还记得前文提到的那款叫《围住神经猫》的游戏吗？当时类似的这种游戏刷爆了朋友圈。微信也是想避免出现这种刷屏的情况，做了很多规范协议。

首先，微信不建议诱导分享。例如通过夸张的语言或红包等手段，胁迫用户分享，如图 2-109 所示。

图 2-109　分享诱导

其次是诱导关注类，例如关注后查看答案，关注后领取红包等，如图 2-110 所示。

图 2-110　关注诱导

第三是游戏类，如比手速、问答等小游戏，都有可能被禁，如图 2-111 所示。

图 2-111　游戏诱导

当然，只有当一个 H5 浏览量到达一定数量，才有可能被禁，大家不用太过担心。但是一旦出现被禁的情况，也不要着急，我们还可以给微信团队发邮件申诉（图 2-112）。

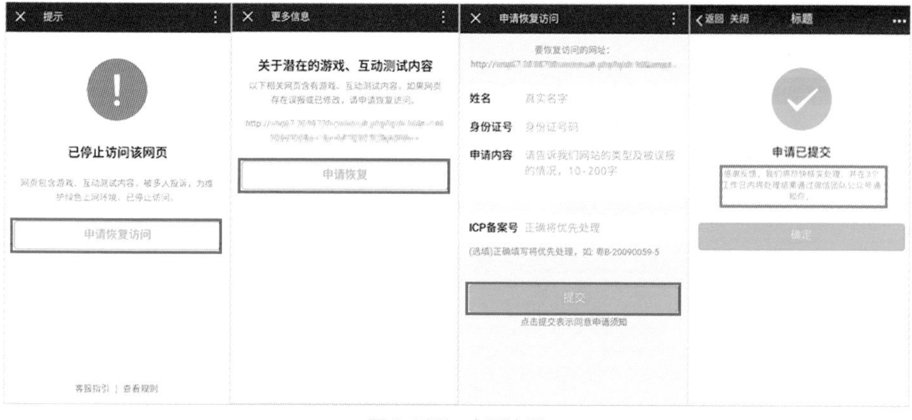

图 2-112　申诉流程

详细的申诉流程可以访问微信公众平台地址：

http://kf.qq.com/faq/170118UnqeUZ170118mUb6fu.html

2.10　产出 4：测试上线与数据监测

最后一个阶段是走查测试。常规测试要点包括：

- 跳转逻辑是否正确；
- 页面展示是否流畅；
- 平台之间是否有交互冲突；
- H5的加载速度如何，能否能再压缩H5的大小。

如果遇到有后台参与的策划，应该申请专业的测试人员测试。例如后台返回的数据、计数和投票是否正确，有没有延时等。至少留出 1~2 天的时间，让技术人员优化代码。

我们还应该邀请同事作为真实的测试用户，测试一下整个策划是否好玩有趣，测试他们是否能够理解本 H5 的主题和规则，是否能够完成核心任务，是否能够将 H5 全部阅读完成，是否能够激发分享等。

如果上述某环节遇到问题，例如在阅读 H5 时遇到了一些困难而放弃浏览，那我们一定要找出测试用户遇到的是什么具体困难：是提示做得不到位或者玩法不易理解等。设计师应鼓励测试用户提出建设性意见作为参考，并针对上述问题对症下药，及时做出调整，避免上线后无法优化。

如图 2-113 所示，让我们回顾一下产出环节。首先是交互设计师将交互稿完成交付给项目所有人；第二，在视觉设计、动效设计过程中，尽量完善细节；第三，技术开发过程中，要跟紧进度，尽量让体验更好；第四，各方参与者一定要走查测试，提前发现问题并改进。

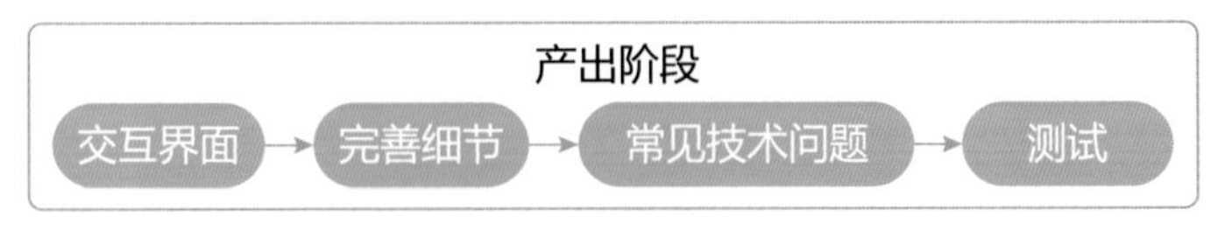

图 2-113　产出阶段的 4 个环节

2.11　常用交互手段

本节列举了一些 H5 策划常用的交互手段，分为手势类、硬件类和技术类。这里的每一个方式如果运用得当，都能获得非常出彩的效果，有时候甚至可以由一个有趣的交互方式来发展出一个成功的策划，下面通过一些实例来说明。

2.11.1　结合手势激发H5亮点

1）视频类（无操作）

首先是视频类 H5。这类 H5 基本上就是播放一段视频，没有操作，内容如果无趣容易让用户产生脱节感，失去耐心，这就对故事情节和表现方式要求很高。此外，因为用户浏览 H5 多是利用碎片化的时间，所以对视频的时长也有要求，不能太长。

如图 2-114 所示是网易 2017 年出品的一个此类型的 H5，名为《一个只属于独生子女的故事》，正是通过一个视频触动了无数 80 后独生子女的心。

图 2-114　《一个只属于独生子女的故事》

2）点击

点击是最常用的手势，正常使用无法凸显什么优势，结合拟物的设计能产生更好的效果。图 2-115 所示的案例《穿越百年我心不变》中，用户点击的是车票而不是按钮，可以为用户建立更有代入感的场景。

图 2-115　《穿越百年我心不变》

3）长按

长按这个操作也是用户比较熟悉的，但是在 H5 中长按的例子不多，不过如果运用得当，也能给用户很好的体验。如图 2-116 所示的案例《二零一七年娱乐圈画传》，就让用户利用长按，一镜到底地以画中画形式畅快观看所有内容。

图 2-116　《二零一七年娱乐圈画传》

4）滑动

同样，滑动也是 H5 中十分常见的操作手势，一般用于页面切换。如图 2-117 所示的案例中，有一个拟物化的碎纸机，用户向下滑动，就能推动一封封的信件进入碎纸机，这是借用滑动这个手势模拟了现实世界中的动作，让用户更有参与感。

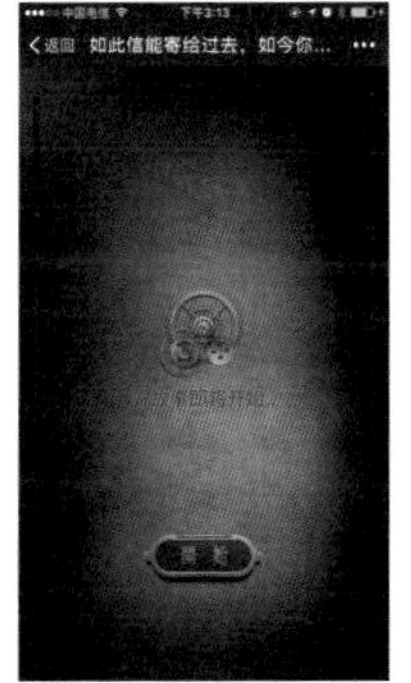

图 2-117 《如此信能寄给过去》

5）拖动

拖动和滑动的区别是什么呢？滑动是一下子快速从一个点移动到另一点，拖动就是按着屏幕不松手从一个点拖到另一个点。

如图 2-118 所示的《态度日历》，就是拖动里比较优秀的案例，它是一张长图，有一镜到底的感觉，同时在拖动过程中还有一些元素穿插过场，使整个 H5 显得非常酷炫又内容丰富。这种方式很适合展示类或叙事类的策划专题。

图 2-118 《态度日历》

2.11.2　利用好硬件给H5添彩

手机有很多集成的硬件设备，都可以用来配合 H5 设计。这里介绍一些常见硬件的用法，给大家提供一点启发。

首先，H5 允许调用手机摄像头和相册。天天 P 图的案例《我的小学生证件照》(图 2–119) 就是完全利用了手机摄像头。用户选择打开相机或者相册，拍摄或选取一张正面照，之后上传到服务器后台进行五官识别匹配，后台会传回一张合成后的图片。这让用户记住了天天 P 图的人脸识别功能。

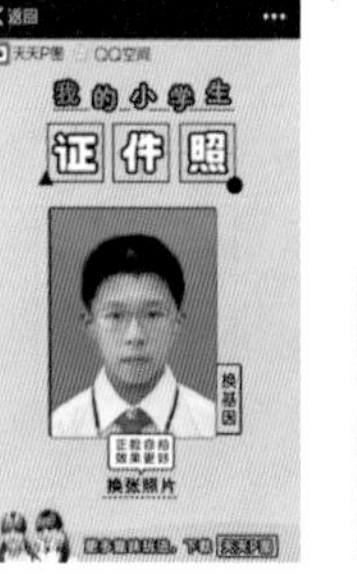

图 2-119　《我的小学生证件照》

除了调用摄像头和相册，H5 还能调用语音话筒。腾讯视频《使徒行者 2 暗语》就充分运用了话筒。点击“开始设置”后，选择一个使徒身份并开始为影片片段配音，录制完成后上传音频，最后分享出自己的录音片段并让好友点评，点评数达到 6 条以上则获得刮刮卡，增强了互动性。录音的形式既宣传了该剧，也让用户更深入地融入其中，增加了除视觉之外的听觉维度。

图 2-120　《使徒行者 2 暗语》

此外，还可以利用手机陀螺仪，模拟现实场景或者制作全景H5。那什么是手机陀螺仪呢？手机陀螺仪的学名叫“角速度传感器”，是用来辨别角度的，交互行为是慢慢晃动手机。经典游戏《神庙逃亡》就是一个手机陀螺仪的典型应用。

在H5设计中，手机陀螺仪的应用也非常常见，例如通过摆动手机查看画面之外的内容，如图2-121所示，尚美巴黎的H5《一切过往，皆为序幕》就充分利用了陀螺仪，其不仅可以全景观看，还增加了VR的观看模式。我们可以将手机横放，360度旋转身体，H5中的场景就会随着我们的旋转而改变，营造一种身临其境的包围感。

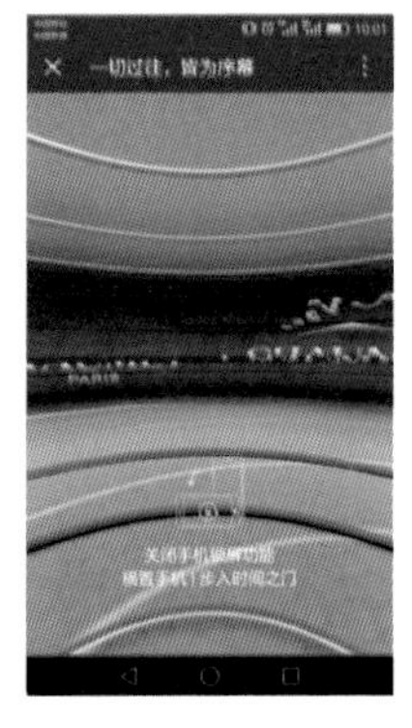

图2-121　《一切过往，皆为序幕》

除了陀螺仪，还可以利用速度加速器。速度加速器是一个测重力或惯性的硬件设备，跟陀螺仪的慢慢转动手机的交互行为有所区别，速度加速器需要通过快速甩动手机来记录加速度。下面这个例子能充分说明：在如图2-122所示《网坛争霸 唯快不破》中，我们需要快速甩动手机完成对网球速度的处理，最后还能完整记录用户操作的速度。

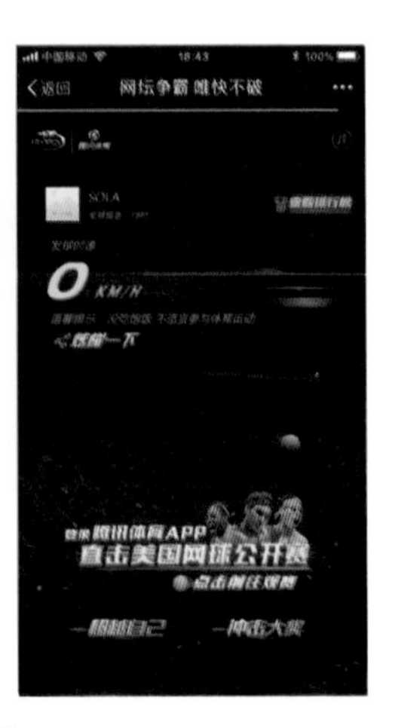

图 2-122　《网坛争霸 唯快不破》

总之，速度加速器更适合完成一些动作类的策划，而手机陀螺仪更适合拓展屏幕，来展示内容更多的策划。我们可以根据策划的内容，选取合适的硬件设备。

2.11.3　新科技引领新体验

除了手机自带的硬件设备之外，随着技术发展，我们还能见到一些以前不常见的策划，例如涉及 VR、AR、3D 渲染还有双设备互动的作品。

VR 在最近两年非常火爆。VR 是指“虚拟现实”（Virtual Reality），即用 VR 设备模拟真实环境。之前章节讲到了 VR 设计中一些常见的规范，在这里就不再赘述了。但在设计 VR 策划时，不要忘了还要设计非 VR 场景的全景模式，因为在 H5 的传播过程中，不是所有人都有 VR 设备正好在手边。另外，目前 H5 技术所能承载的 VR 形式以视频为主流，VR 视频一般占的空间都非常大，所以在 H5 中一定要做好流量提醒，即建议在 Wi-Fi 环境下体验。另外也要注意增加横屏提醒，因为 VR 一定是横屏观看的。如图 2-123 所示的案例《不要惊慌，没有辐射》就是我们做的一次 VR 策划。

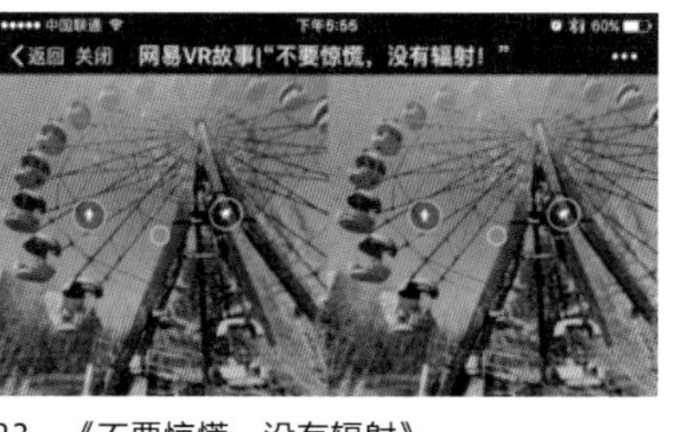

图 2-123 《不要惊慌，没有辐射》

说完 VR，再说说 AR。AR 即“增强现实”（Augmented Reality），与 VR 不同的是，AR 是在当前显示的现实基础之上，增加一些虚拟的内容跟现实混合，产生一种真假难辨的错觉和惊喜。

以图 2-124 所示的策划为例，在《扫一扫，用 QQ 读懂蒙娜丽莎之微笑》中，用户通过使用 QQ 中自带的 AR 扫码窗口扫描这张蒙达丽莎的图片，背景没有变，但是会出现一只举着火炬的吉祥物为奥运加油。这里将虚拟和现实相结合，大大增强了用户与 H5 平面策划的互动性，打破维度界限，给用户带来了惊喜。

图 2-124 《扫一扫，用 QQ 读懂蒙娜丽莎之微笑》

我们再讨论一下 3D 技术在 H5 中的应用。现在越来越多的 H5 策划运用到了 3D 技术，以下面的两个 H5 为例，第一个是网易的《FAST 寻找 ET》（图 2-125）。在这个例子中，用户通过滑动手机查看模型，可以选中一个模型后点击寻找外星人，也可以通过双指放大查看模型，非常好地营造出太空的空间感，提升用户体验。在制作中，设计师用 Cinema 4D 等相关三维软件搭建场景模型，导出给开发人员，通过 Three.js 实现页面中显示的 3D 效果。

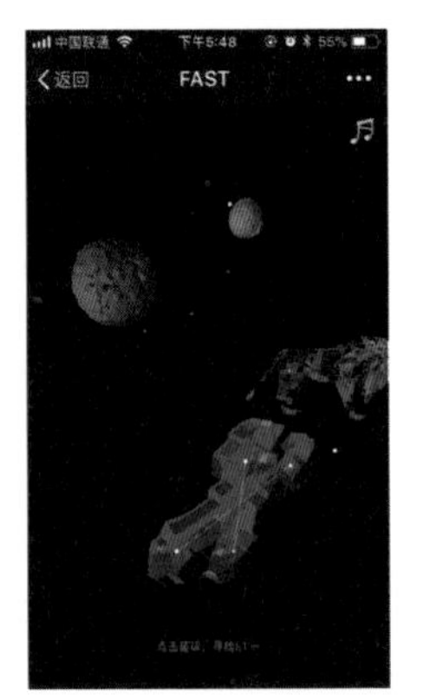

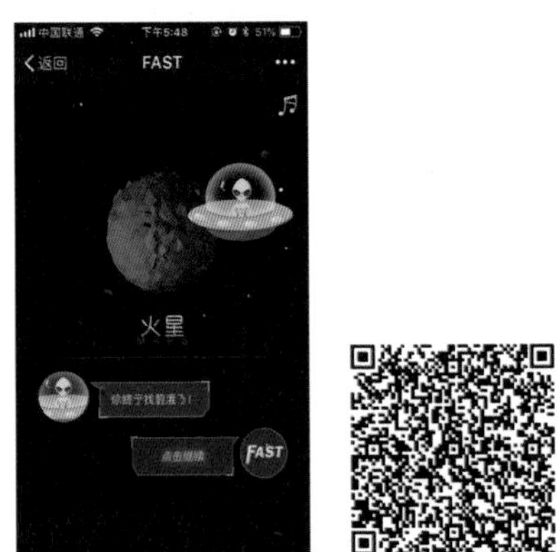

图 2-125　《FAST 寻找 ET》

另外一个例子是《滑向童年》（图 2-126），该策划中同样利用 Cinema 4D 创建了一个立体空间，并通过 Three.js 对模型进行渲染。

图 2-126　《滑向童年》

需要注意的是，模型渲染在很大程度上取决于开发者对于代码的熟悉程度。3D 建模在代码渲染的时候，需要调整颜色、灯光和材质，都有一定程度的失真，前期需要预留大量的时间进行调试。

最后说一下双屏互动。双屏互动在技术上并不是很难实现，是一种比较有意思的创新交互形式。以图 2-127 所示的《七夕鹊桥会》为例，B 用户扫描 A 用户的二维码后，可通过摇一摇的形式触发配对，向后台传一个字段。后台收到后，向两个配对手机发一个播放字段，两个手机同时分别开始播放一段视频，这两段视频拼在一起是一个完整的视频，可以完成一些跨手机的视觉效果。这种形式比较适合七夕这种需要两人互相配合的策划。

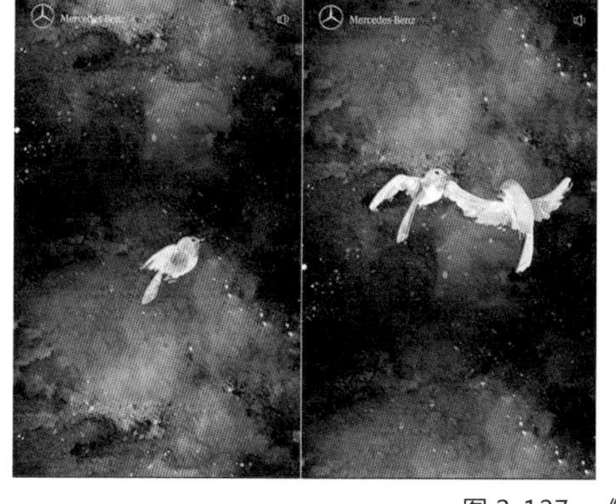

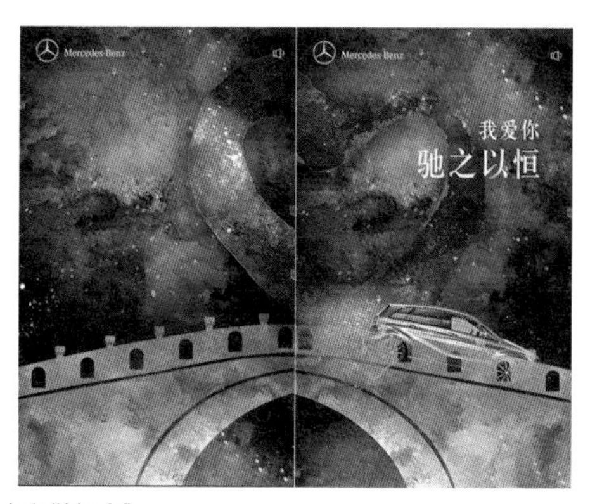

图 2-127 《七夕鹊桥会》

以上就是我们总结的一些常见的交互形式。大家还是要注意，要引用适当的交互手段，不要“为了交互而交互”。作为设计师平时也要多多积累，多关注国内外出现的一些新的交互形式，融会贯通，日后为己所用。